U0665795

实验性工业设计系列教材

产品系统设计

王昀　刘征　卫巍　编著

中国建筑工业出版社

图书在版编目（CIP）数据

产品系统设计／王昀等编著. —北京：中国建筑工业出
版社，2014.6
实验性工业设计系列教材
ISBN 978-7-112-16645-9

I. ①产… II. ①王… III. ①工业产品－系统设计－教材
IV. ① TB472

中国版本图书馆 CIP 数据核字（2014）第 059007 号

本书分为八章，第一章讨论了设计之事、人、场、物的系统关系，强调了系统设计创新
思维、设计法则及设计跨界，提出了三个面向的产品设计系统观。第二章简要梳理了系统学
科、系统方法论与系统工程，建构了产品系统设计五层次体系。从第三章到第七章则逐步展
开了五层次体系的解析，包含从行业系统到顶层设计、从企业系统到设计战略、从项目系统
到设计定位、从产品系统到创新设计及基于品牌的产品族与产品系列化设计，各产品系统设
计层次的具体内容均以设计理论与实践案例相结合的方式进行阐述。第八章是针对产品系统
设计中相对特殊且重要的城市问题领域，通过地域文化下的城市家具系统、城市生活需求下
的城市装备系统设计实践，开展面向城市与产业双重属性的城市设施产品系统设计方法与
研究。

本书可作为广大工业设计专业本科学生的专业教材或辅助教材；对高校工业设计相关专
业教师的教学工作也具有较好的参考价值。

责任编辑：吴　绫　李东禧
责任校对：姜小莲　刘梦然

实验性工业设计系列教材
产品系统设计
王昀　刘征　卫巍　编著
*
中国建筑工业出版社出版、发行（北京西郊百万庄）
各地新华书店、建筑书店经销
北京嘉泰利德公司制版
北京建筑工业印刷厂印刷
*
开本：787×1092毫米　1/16　印张：12　字数：300千字
2014年7月第一版　2019年11月第三次印刷
定价：38.00元
ISBN 978-7-112-16645-9
（25419）

版权所有　翻印必究
如有印装质量问题，可寄本社退换
（邮政编码　100037）

"实验性工业设计系列教材" 编委会

（按姓氏笔画排序）

主　编：王　昀

编　委：卫　巍　　马好成　　王　昀　　王菁菁　　王梦梅

　　　　刘　征　　严增新　　李东禧　　李孙霞　　李依窈

　　　　吴　绫　　吴佩平　　吴晓淇　　张　煜　　陈　苑

　　　　陈　旻　　陈　超　　陈斗斗　　陈异子　　陈晓蕙

　　　　武奕陈　　周　波　　周东红　　荀小翔　　徐望霓

　　　　殷玉洁　　康　琳　　章俊杰　　傅吉清　　雷　达

序 一

今天，一个十岁的孩子要比我们那时（20世纪60年代）懂得多得多，我认为那不是父母亲与学校教师，而是电视机与网络的功劳。今天，一个年轻人想获得知识也并非一定要进学校，家里只需有台上了网的电脑，他（她）就可以获得想获得的所有知识。

联合国教科文组织估计，到2025年，希望接受高等教育的人数至少要比现在多8000万人。假如用传统方式满足需求，需要在今后12年每周修建3所大学，容纳4万名学生，这是一个根本无法完成的任务。

所以，最好的解决方案在于充分发挥数字科技和互联网的潜力，因为，它们已经提供了大量的信息资源，其中大部分是免费的。在十年前，麻省理工学院将所有的教学材料都免费放到网上，开设了网络公开课。这为全球教育革命树立了开创性的示范。

尽管网上提供教育材料有很大好处，但对这一现象并不乏批评者。一些人认为：并不是所有的网络信息都是可靠的，而且即便可信信息也只是真正知识的起点；网络上的学习是"虚拟的"，无法引起学生的注目与精力；网络上的教育缺乏互动性，过于关注内容，而内容不能与知识画等号等。

这些问题也正说明传统大学依然存在的必要性，两种方式都需要。99%的适龄青年仍然选择上大学，上著名大学。

中国美术学院是全国一流的美术院校，现正向世界一流的美术院校迈进。

在20世纪1928年的3月26日，国立艺术院在杭州孤山罗苑举行隆重的开学典礼。时任国民政府教育部长的蔡元培先生发表热情洋溢的演说："大学院在西湖设立艺术院，创造美，以后的人，都改其迷信的心，为爱美的心，借以真正完成人们的美好生活。"

由国民政府创办的中国第一所"国立艺术院"，走过了85年的光阴，经历了民国政府、抗日战争、解放战争、"文化大革命"与改革开放，积累了几代人的呕心历练，成就了一批中华大地的艺术精英，如林风眠、庞薰琹、赵无极、雷圭元、朱德群、邓白、吴冠中、柴非、溪小彭、罗无逸、温练昌、袁运甫……他们中间有绘画大师，有设计理论大师，有设计大师，有设计教育大师；他们不仅成就了自己，为这所学校添彩，更为这个国家培养了无数的栋梁之才。

在立校之初林风眠院长就创设了图案系（即设计系），应该是中国设立最早的设计专业吧。经历了实用美术系、工艺美术系、工业设计系……今天设计专业蓬勃发展，已有20多个系科、40多个学科方向；每年招收本科生1600人，硕士、博士生350人（一所单纯的美术院校每年在校生也能达到8000人的规模）；就读造型与设计专业的学生比例基本为3：7；每年的新生考试基本都在6万多人次，去年竟达到了9万多人次。2012年工业设计专业100名毕业生全部就业工作。在这新的历史时期，中国美术学院院长提出："工业设计将成为中国美术学院的发动机"。

　　这也说明一所名校，一所著名大学所具备的正能量，那独一无二的中国美术学院氛围和学术精神，才是学子们真正向往的。

　　为此，我们编著了这套设计教材，里面有学识、素养、学术，还有氛围。希望抛砖引玉，让更多的学子们能看到、领悟到中国美术学院的历练。

赵阳于之江路旁九树下

2013年1月30日

序　二　实验性的思想探索与系统性的学理建构

在互联网时代，海量化、实时化的信息与知识的传播，使得"学院"的两个重要使命越发凸显：实验性的思想探索与系统性的学理建构。本次中国美术学院与中国建筑工业出版社合作推出的"实验性工业设计系列教材"亦是基于这个学院使命的一次实验与系统呈现。

2012 年 12 月，"第三届世界美术学院院长峰会"的主题便是"继续实验"，会议提出：学院是一个（创意）知识的实验室，是一个行进中的方案；学院不只是现实的机构，还是一个有待实现的方案，一种创造未来的承诺。我们应该在和社会的互动中继续实验，梳理当代艺术、设计、创意、文化与科技的发展状态，凸显艺术与设计教育对于知识创新、主体更新、社会革新的重要作用。

设计本身便是一种极具实验性的活动，我们常说"设计就是为了探求一个事情的真相"。对真相的理解，见仁见智。所谓真相，是针对已知存在的探索，其背后发生的设计与实验等行为，目的是为了找到已知的不合理、不正确、未解答之处，乃至指向未来的事情。这是一个对真相的思辨、汲取与认识的过程，需要多种类、多层次、多样化的思考，换一个角度说：真相正等待你去发现。

实验性也代表着一种"理想与试错"的精神和勇气。如果我们固步自封，不敢进行大胆假设、小心求证的"试错"，在教学课程与课题设计中失却一种强烈的前瞻性、实验性思考，那么在工业设计学科发展日新月异的当下，是一件蕴含落后危机的事情。

在信息时代，除了海量化、实时化，综合互动化亦是一个重要的特征。当下的用户可以直接告诉企业：我要什么、送到哪里等重要的综合性信息诉求，这使得原本基于专业细分化而生的设计学科各专业，面临越来越多的终端型任务回答要求，传统的专业及其边界正在被打破、消融乃至重新演绎。

面向中国高等院校中工业设计专业近乎千篇一律的现状，面对我们生活中的衣、食、住、行、用、玩充斥着诸如 LV、麦当劳、建筑方盒子、大众、三星、迪斯尼等西方品牌与价值观强植现象，中国的设计又该何去何从？

中国美术学院的设计学科一直致力于探求一种建构中国人精神世界的设计理想，注重心、眼、图、物、境的知识实践体系，这并非说平面设计就是造"图"、工业设计与服装设计就是造"物"、综合设计就是造"境"，实质上，它是一种连续思考的设计方式，不能被简单割裂，或者说这仅代表各个专业回答问题的基本开场白。

我们不再拘泥于以"物"为区分的传统专业建构，比如汽车设计专业、服装设计专业、家具设计专业、玩具设计专业等，而是从工业设计最本质的任务出发，研究人与生活，诸如：交流、康乐、休闲、移动、识别、行为乃至公共空间等要素，面向国际舞台，建立有竞争力的工业设计学科体系。伴随当下设计目标和价值的变化，新时代的工业设计不应只是对功能问题的简单回答，更应注重对于"事"的关注，以"个性化大批量"生产为特征，以对"物"的设计为载体，最终实现人的生活过程与体验的新理想。

中国美术学院工业设计学科建设坚持文化和科技的双核心驱动理念，以传统文化与本土设计营造为本，以包豪斯与现代思想研究为源，以感性认知与科学实验互动为要，以社会服务与教学实践共生为道，建构产品与居住、产品与休闲、产品与交流、产品与移动四个专业方向。同时，以用户体验、人机工学、感性工学、设计心理学、可持续设计等作为设计科学理论基础，以美学、事理学、类型学、人类学、传统造物思想等理论为设计的社会学理论基础，从研究人的生活方式及其规划入手，开展家具、旅游、康乐、信息通信、电子电器、交通工具、生活日常用品等方面产品的改良与创新设计，以及相关领域项目的开发和系统资源整合设计。

回顾过去，本计划从提出到实施历时五年，停停行行、磕磕绊绊，殊为不易。最初开始于 2007 年夏天，在杭州滨江中国美术学院校区的一次教研活动；成形于 2009 年秋天，在杭州转塘中国美术学院象山校区的一次与南京艺术学院、同济大学、浙江大学、东华大学等院校专业联合评审会议；立项于 2010 年秋天，在北京中国建筑工业出版社的一次友好洽谈，由此开始进入"实验性工业设计系列教材"实质性的编写"试错"工作。事实上，这只是设计"长征"路上的一个剪影，我们一直在进行设计教学的实验，也将坚持继续以实验性的思想探索和系统性的学理建构推进中国设计理想的探索。

王昀撰于钱塘江畔

壬辰年癸丑月丁酉日（2013 年 1 月 31 日）

前　言

Preface

　　最近，笔者在访问美国芝加哥美术学院（SAIC）的一次学术交流会上，提了两个关于设计的问题：第一个问题，众所周知，现代设计是从包豪斯（Bauhaus）开始的，包豪斯强调艺术与技术的统一，是一种对技术掌控之上的统一。而今天，随着社会专业分工越来越细，技术和艺术在无形之中被分离了……那么，作为包豪斯在美国的继承者和发扬者，美国芝加哥美术学院怎么看？第二个问题，自从设计教育起步以来，一直是艺术类院校在扮演着设计的主角……但是今天，当搞材料、工程、机械、计算机的技术型人们开始做设计，比如麻省理工学院的 Media Lab；当商业家、企业高管、教育界人士、科学家、医生和律师也开始进行"设计思维"，比如斯坦福大学的 D.School……那么，作为美国艺术院校的一面旗帜，美国芝加哥美术学院又准备如何应对？

　　这两个问题令人深思，在中国也存在同样的情况，也包含中国美术学院等国内各个艺术类院校在内。在国内艺术类院校，诸如图案设计、装潢设计、工业造型设计等专业名称盛行了很长一段时间，这也从一个侧面说明了设计中艺术属性的优势地位。于是，诸如"我感觉"之类的语言常常在设计圈中出现，这是一种默会的个人经验表达，更接近一种艺术家自由式的感性思维。

　　但设计不仅仅是艺术。设计是为了生活，而生活本身是一个从简单到复杂、从物质到非物质、从单一价值到多重价值的活的巨系统。事实上，学设计、做设计的确是一件不容易的事，尤其在信息时代，与设计相关的各种因素和知识太多，而且知识的更新速度太快，包含艺术学、社会学、哲学、心理学、城市学、结构学、材料学、控制论、信息论、运筹学、工程学等各学科系统。显然，系统是设计的天然属性，在设计过程中，除了个别天才能够依靠感觉式的"灵光一闪"以外，更多需要的是设计系统观下的分析，是理性与感性的思辨。

　　对于大多数的艺术类学生而言，他们更习惯于感性的、直觉式的思维方式，而不擅长理性的、系统式的思维方式。在三年前，我们正式开设了"产品系统设计"课程，授课对象定位是三年级学生，其间也遭遇了由学生思维惯性带来的种种困惑：学生会反映系统设计课程很复杂，比较难以完全理解，甚至于有一种被系统设计的感受。然而，当学生一步一步跟着走完全部"产品系统设计"课程后，他们却给出了令人惊讶的课程设计成果，受到老师们的充分肯定。还有另外一个意外现象也表明课程取得成功：由笔者教授产品系统设计课的该班学生，在其2011届的毕业设计中，几乎有近一半人应用了产品系统设计方法进行创作，提交了诸如发表在《装饰》杂志上的"卿卿如晤"，以及"一米阳光"等优秀作品。

从担忧、困惑、被系统到课程作业成功、毕业创作优秀，这一系列变化着实令人鼓舞。这打破了原来对于艺术类学生的固有认识，是一个颇有意味的现象。除了这批学生努力和老师善教等主观性因素以外，大概存在几个方面的客观性因素值得继续探究：①艺术类学生良好的设计感觉实际上是一种模糊系统，通过努力完全可以把握产品系统设计大局；②在学生艺术天赋造型能力强项的基础上，更具理性设计因子的系统设计恰恰补上了另一个短板；③设计的文化性可以帮助学生更好地感悟、体验生活与系统设计。

到今天为止，"产品系统设计"课程历经了中国美术学院共三届学生的教学与实验，积累了一批设计实验案例，获得了一定的经验和教训，在这里，特别感谢中国美术学院工业设计专业全体师生认真的教与学。

本次《产品系统设计》教材的编写分工是：王昀负责全书大纲拟定、终审并撰写第一章，刘征与陶然合作第二章，刘征与冯蔚蔚编写第三章，刘征与郑潜合写第四章，卫巍编写第五章，王昀与卫巍合写第六章，胡丹丹与王昀合作第七章，王昀、胡丹丹与陈崇舜合写第八章；熊小铃、金韵、丹妮亚等同学参与本书编写的相关工作；刘征、胡丹丹负责全书写作的标准、规范以及统稿。

最后，我想借此机会对一直关心和支持"实验性工业设计系列教材"出版工作的中国建筑工业出版社的编辑，表示衷心感谢！

王昀

2013 年立秋于杭州

目　录

Contents

第一章 绪论

【本章内容摘要】

本章阐述编写产品系统设计教材的基本观点、思路与格局。设计是一件关于事的系统设计，与艺术、科学两大系统相关；在设计过程中，对于设计价值观的认识和把握，将在很大程度上影响设计的导向。设计活动的行为主体、存在环境、输出结果，即设计师、行业圈与产品族之间，既有各自相对独立的系统，也彼此关联、密不可分。在明晰系统设计能够有效提升创造性思维的开拓力的同时，须理解系统设计的创新思维、基本法则与系统跨界。工业设计的系统观，既包含一般基于产业的狭义产品系统设计，也包含基于服务乃至城市的广义产品系统设计。

1.1 关于设计与系统

1.1.1 设计之事

首先，我们说设计是一件事。所谓设计，指的是把一种计划、规划、设想、问题解决的方法通过视觉的方式传达出来的活动过程。● 人类通过劳动改造世界，创造文明，创造物质财富和精神财富，而最基础、最主要的创造活动是造物，设计便是造物活动进行的预先计划，可以把任何造物活动的计划技术和计划过程理解为设计。

显然，对于设计这件事而言，系统是设计的天然属性。

让我们再换一个问题的角度：设计是为了什么？为人，为了人的生活。

那么，生活又是什么？生活及其需求本身便是一个具有多方面因素影响的系统问题。正如汪丁丁在《体验经济》中译本序中所说："不同的经济发展阶段为我们提供的'衣、食、住、行'，表现出实质性的差别。例如，火柴盒式的住房和'T－型'汽车是工业经济为我们的'住'和'行'提供的典型解决方案，而'体验经济'提供给我们的典型解决方案则是高度个性化了的'超现实主义住宅'和'表现主义服饰'。"

● 王受之.世界现代设计史[M].北京：中国青年出版社，2002：12.

图1-1（左）
Nike Air Zoom Moire跑鞋
图1-2（右）
Nike+iPod运动组件

再如，耐克 Air Zoom Moire（图 1-1、图 1-2）——穿在脚上的 iPod。

自从耐克将运动从孤芳自赏的肌体锻炼上升到一种生活方式，那么一双运动鞋所需的技术与材料就不能仅仅满足舒适、轻量化与保护性等单纯要求了。Air Zoom Moire 跑鞋采用了 Nike + 技术，通过无线 Nike + iPod 运动组件与 iPod 实现信息互通。一旦将 Nike + 运动鞋与 iPod nano 连接，iPod 就可以存储并显示运动时间、距离、热量消耗值和步幅等数据。使用者也可以通过耳机了解这些实时数据。Nike + iPod 运动组件包括一个内置于鞋中的传感器和一个与 iPod 连接的接收器。只需将 iPod nano 与你的 Mac 或 PC 电脑连接，iTunes 进行自动同步传送，就可以把锻炼数据存储到 nikeplus.com 网站上为你定制的锻炼记录中，从而也可以让电脑分析软件为自己制订独特的训练方案。苹果也宣布在 iTunes 网上音乐书店中开设一个 Nike 运动音乐专栏，进一步丰富了 Nike + iPod 带来的运动体验。Nike 运动音乐专栏还将陆续推出各种其他服务，甚至包括 Air Zoom Moire 跑鞋用户开设的播客。该产品的一切设计都在为了一件事：聪明的运动鞋帮助你实现健康运动、愉悦生活！这个案例形象生动地说明了生活系统才是设计目标的价值所在。

显然，这样的设计从方案提出、内容深化、设计造型、技术解决到产品成型等，系统在其中体现出无可争议的作用，最终的设计以一个完整产品与生活系统的方式呈现。

然而，生活本身就是一个从简单到复杂、从物质到非物质、从单一价值到多重价值，且不断变化生长的巨系统。这就像一棵"生命树"，当我们在设计树枝终端上那只苹果的同时，如果只是简单按照通常的工业设计程序与方法，显然不能很好地认识这只苹果，更难以从根本上提出新苹果的设计方案；新苹果设计不仅仅需要涉及形、色、材、质与构造、技术等问题，还需要关注新苹果的土壤、种植、根系、水分、阳光、气候等一系列的因素。于是，设计在自然而然地进入一种可能是正确的系统方法的同时，设计这件事也变得极为复杂了。

对于产品设计或从事产品设计的人而言，面对这样的复杂系统，

产品系统设计

如要更好地发现问题、解决问题，那么，我们首先需要建立一种基于自我经验与社会共识交织的设计价值观。

1.1.2 设计之价值观

从人作为设计活动的主体意义上说：设计不仅是一件事，也是一件人为事物。一个设计能够实现以及得到好的评价，需要的不仅仅是设计师的努力，更多的是社会相关人群的认同，关键是其设计价值观的沟通与共识。

我们在一系列设计教学、研究与实践的活动中，与政府管理者、企业家、专家学者、用户对象、工程师、设计师等产生了无数次设计评价与价值导向的冲突，其中诸如功能、结构、形式、美学之类的属于产品设计师专业性的认知要点，并不容易成为与受众、用户达成共识、求同存异的沟通渠道。在此，设计或设计师面临一种封闭式、自抑式设计的潜在危险。

价值是主体与客体之间在相互联系、相互适应、相互依存、相互作用、相互影响的互动关系中所产生的效应。❶ 价值可以理解为是社会性的主观愿望、需求和意识的产物，价值在很多领域有特定的形态，如社会价值、个人价值、经济价值、法律价值以及设计价值等，它是人在不同领域发展中范畴性、规律性的本质存在。价值是一个具有中立属性的概念，且包容量极大；人类社会都是在一定的价值体系中开展其生活、思维、行为及创造等活动的，当然也包括设计活动。显然，设计的价值观涉及所有人的生活、工作等方方面面内容，它可以成为具有良好沟通性的桥梁。

设计价值观的实质就是以价值标准为导向，对客观世界中的各种现象进行基于价值的判断，进而对设计目标和行动方案进行评价和把握的一种设计观念。在设计中引入价值观概念，并非是在设计理论研究中的一时兴起、独辟蹊径，而是面向社会生活、项目实践、设计教育的一种学术研究自觉。我们提出设计价值观的基本出发点，在于更好地帮助项目委托者、设计者与用户共同理解、把握一个设计的过程与结果；并且，鉴于价值概念的包容性，可把诸如功能性、形式美感、创新性、人性化、可持续性、可行性、制造成本等都纳入一个设计价值观体系中，尝试通过定性与定量评价相结合的方式，以更全面的视野应对当下的设计境遇。

设计学科中的艺术属性决定了设计的评价标准存在着不确定的模糊性，在过往的设计评价中，尽管设定比如功能性、形式美感、创新性、

---

❶ 巨乃岐，王建军.究竟什么是价值——价值概念的广义解读 [J].天中学刊，2009，24（1）.

人性化等参考标准，但最后的设计评价更多的是由专家学者以其个体经验和知识进行一种直觉式的判断，鉴于评委的人员组成，甚至于评委的个人喜好等情况，其评价结果具有一定程度的随机性和偶然性。这是设计学界的一个特点，也是一种困惑，尤其对于学设计的准设计师和做设计的设计师而言，设计评价的结果在很大程度上代表并影响做学问、做研究、做工作的价值导向。当设计方向选择遇到向左走还是向右走时，设计标准不确定，价值导向不清楚，请问如何才能更有效、正确地做设计？

研究设计价值观是一个相当困难的命题，哪怕只是梳理其中一部分理论体系，也是一件不易之事。但是，对于设计而言，首重的就是实践，从系统思考出发，在实干中做设计。

对于设计，我们要考虑设计的各种专业要求，更要满足设计实现的目标结果诉求；换句话说，不应该仅限于设计自身知识的专业体系内，更应该面向设计的用户，甚或是由合适的设计用户成为设计评价的共同主体，以便更好地回应设计或计划的预期目标价值。

1.1.3　设计之人、场、物

当我们从设计是一件人为事物的角度看时，人的因素自然被放在第一位。于是，我们讨论设计这件事，便需要关注其中的人、场、物，即设计师、用户群、行业圈，以及设计的结果：产品或者产品族。

设计师是对设计事物之人的一种泛称，是设计活动的主体执行者。用户是某一种技术、产品、服务的使用者，或使用某种产品的人，通常用户对象是以群体性面貌出现。行业一般是指其按生产同类产品或具有相同工艺过程或提供同类劳动服务划分的经济活动类别，如饮食行业、服装行业、机械行业等。对于产品设计而言，存在两个相关的行业圈：设计行业圈、产品或服务行业圈；设计行业圈对于设计师而言起到直接的教育、培训、理念、方法、风格等影响，而产品或服务行业圈则对于设计的结果提出具有引导性的诉求，包含市场需求、流行趋势、受众喜好、功能要求、价格质量等。作为设计输出结果的产品，对于用户或者用户群的满足，往往不是依靠一件产品的力量，更多的是依靠一群产品的综合作用；今天，在全球化时代，依靠某一个"爆款"式产品的时代已经很难再现了，更需要的是团队式、全方位的竞争。

设计师、用户群、行业圈与产品族四者构筑了设计这件事四位一体的交织关系，彼此影响、互相牵制，不断地作用于在当下商业社会中各种设计价值观的动态演绎，如图 1-3 所示。

一方面，设计师设计产品提供给用户使用，用户消费群的反应导致产品销售的成功或失败，进而影响该行业的生产、制造与市场导向。

图1-3
设计师、用户群、行业圈与产品族关系图

产品系统设计

比如：苹果的创新设计强调通过完美的产品引领生活，乃至于 iPhone 成为一种时尚生活范式的个人装备必需品，这极大地影响了整个 IT 与手机行业的市场变化。

另一方面，产品或服务所在行业圈的特性和状况，在很大程度上会影响用户们在购买产品时的决策，这直接决定了对于产品的设计诉求，也对设计师的工作起到明显的设计导向作用。比如：从三星、HTC、小米到五花八门的手机配件的设计，在当下消费市场中的智能手机总体呈现极简、极薄、极时尚的态势，呈现出一种设计潮流，处于市场跟随者地位的手机、配件、各类智能办公与家用设备的生产制造商们，亦不可避免受其影响。于是，作为设计服务提供者的设计师们则亦步亦趋。

设计作为一门实践性极强的交叉性应用学科，设计师、用户群、行业圈与产品族之间存在着复杂的交互关系，尤其在每一个设计决策阶段，四重乃至更多重的目标价值因素影响，以及相应对设计判断的不同认识，将会直接影响设计实践的有效落实。

比如，在项目工作实践中，设计师由于是一种知识物化服务的提供者，往往受到项目委托方的极大制约，并容易被其层层管理部门或机构造成无序性导向；尤其当"公说公有理、婆说婆有理"时，当设计被一遍遍修改之时，设计之郁闷，一言难尽。又如，在设计教学实践中，一般来说，大学应该是一个学术交流的自由王国，我们，包括老师和学生都应是为了自由的学术理想而来；但事实上并不尽然，笔者曾追问一位好成绩学生：我的意见对你的设计创作有那么重要吗？他迅速回答说：当然重要！这是他本能的直接反应，也是学习中分数影响下的潜在设计目标价值所致。当一个设计在社会项目与学校教学之间形成交叉时，往往会产生很大的不同与错位。在 2010 年的中国美术学院工业设计毕业创作中，学校的专家教授主要从设计的学术性、系统性、创新性等因素考虑，评选了《品纸》《校园交互系统》为优秀作品；但是，同一批作品在参加校外瑞德第二届 Golden Frog Award 邀请赛中的表现迥然不同，另一件作品《MOMO 亲子椅》(图 1–4)

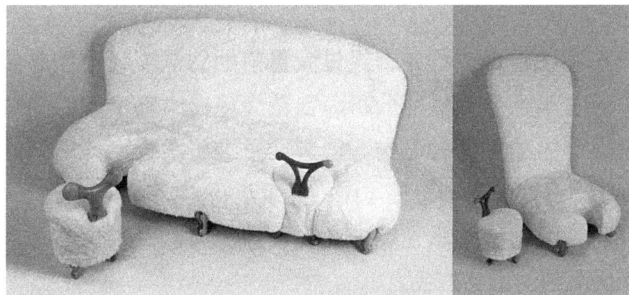

图1–4
MOMO亲子椅

力拔头筹，摘取了邀请赛的大奖。该邀请赛的评审团是国内知名企业家、时尚领军人物、市场专家及国际专家等不同背景的人员构成。据悉，该作品的主要获奖原因是：当评委们坐到 MOMO 亲子椅上时，他们被那种柔软的亲子环抱感觉打动！校内外由于各种因素导致评价结果大相径庭，这是一个有趣且发人深省的现象。

综上所述，站在现实生活的视角，为了更好地设计，在工作初始应先了解设计存在的生态环境，摸清行业发展动态，把握用户消费心理，认识设计师自身在其中的位置，以期更好地发挥设计的作用，通过设计系统实践完成其目标价值。

1.2　系统设计思维与法则

1.2.1　系统设计与创新思维

系统化设计总是伴随着相对乏味的基础性工作，但这并不意味着设计创新性的降低。

创新可以分为偶发性和系统性两类。偶发性创新数量多、成本低，最大的问题是难以持续，比如当下设计专业的学生在参加红点、IF等各类大赛时更多依靠一种灵光一闪、拍脑袋式的创意，如《Nohot cup》（图 1-5）、《Smart paper tape》（图 1-6）、《Ring gloves》（图 1-7）等设计。而系统设计推动创造性思维的持续进行，促进全局认识问题，有利于持续产生系统化、系列化的创新，不断有效地提升系统设计效率；相比而言，系统化设计更具内在的创新性与生命力。

系统化设计的创新性意味着一种创造性思维的培养，以及更好的设计机会发现。创造性思维是一种系统的思维方式。所谓系统思维方式，就是把认识对象作为系统，从系统和要素、要素和要素、系统和环境的相互联系、相互作用中综合地考察认识对象的一种思维方法。主要从整体性、结构性、立体性、动态性、综合性等特点方面对系统设计进行思考，从而提出创造性解决方法。在思维活动进行过程中，要把系统作为一个整体，从结构出发，考虑到系统的特点和变化，联系地看待和思考问题。创造性思维的创造力是推动设计不断进步的重要动力。

在产品系统设计流程中，经过大量前期的调查研究，寻找产品设计突破口，基于大量理性的分析，创造性地提出解决问题的办法，这就是系统设计中的创造性思维。创造性思维与系统设计之间的作用是相互的。系统设计推动创造性思维的持续进行，为创造性思维提供条件、依据和方向，而创造性思维推进系统设计的深入，产生基于系统的设计创新，从而创造出新产品。

图1-5
Nohot cup

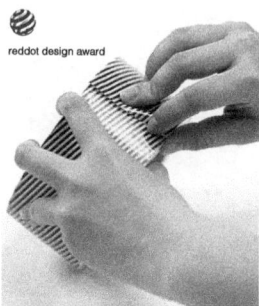

图1-6
Smart paper tape

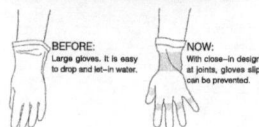

图1-7
Ring gloves

众所周知，苹果是目前世界上最成功的品牌之一，其知名的产品有 Macbook 笔记本电脑、iPod 音乐播放器、iMac 一体机、iPhone 手机和 iPad 平板电脑等。苹果的成功之处在于它完善的用户体验、"少即是多"的极简主义设计、坚持系统与外形的独创性。其最大的优势在于持续的系列化创新，它专注于一个产品系列如 iPhone 的不断推进，而不是不断地开发全新的产品，这样使得产品生命周期大大延长，并且不断给人以期望，让人们感觉到产品是在不断向前发展的，从而激起人们的购买欲，并且使整个品牌更具有系统竞争力。

而 HTC 则是一个不同的例子，从首创安卓系统，迅速占领市场后，纵观 HTC 产品的发展历程，可以发现类似 Hermes 这款手机分为 100、200 与 300 型。这些型号在外观略有不同（有无摄像头、有无 Wi-Fi、内存大小等），在持续推进上显得后继无力，并且不断努力研发 HTC Explorer（A310e）、HTC Rezound、HTC 天姿 A6390、HTC 新渴望 V、HTC Butterfly（X920e）等全新产品。事实上，因为缺乏系统化的战略思想，HTC 一直在设计上疲于奔命，企图创造出革命性的产品，却忽略了产品的系统化、持续化创新，没能像苹果的 iPhone 那样专注于一个系列的研究。与 HTC 相比，苹果的设计思维则更为充分地体现了系统化设计所强调的产品持续性创新，如图 1-8、图 1-9 所示。

1.2.2 系统设计法则与跨界

系统化设计的另一方面是其复杂性思考导致较大工作量等现象，乃至于使人在海量的各种设计因素中迷失了方向。

| iPhone 2G | iPhone 3G | iPhone 3GS | iPhone 4 | iPhone 4S | iPhone 5 |

图1-8
iPhone系列产品

| HTC Magic | HTC Hero | HTC Legend | HTC Desire | HTC T329d | HTC New One |

图1-9
HTC系列产品

迷失在系统的海洋中不应该是我们所期待的状态，换句话说，我们不应该为了系统而系统；相反，系统应该成为走出迷雾的有力工具和帮手。在此，我们需要理解系统设计的若干基本法则，比如"80/20法则"：

80%的产品（如手机、汽车），只使用20%的功能；

80%的城市交通，集中在20%的道路上；

80%的公司效益，依靠其20%的产品；

80%的进步，来自于20%的努力；

80%的差错，是由20%的零件造成的。

首先认识到"80/20法则"的意大利经济学家维尔弗雷多·帕莱托（Vilfredo Pareto），注意到意大利80%的财富集中在20%的人手里。"80/20法则"也称为"帕莱托法则"（Pareto Principle）、"朱兰法则"（Juran's Principle）、"关键少数法则"（Vital Few Rule）、"次要多数法则"（Trivial Many Rule）。"80/20法则"宣称，在所有的大系统中，大约80%的效果是由20%的系统变量造成的，包括经济、管理、用户界面、品质监控和工程等，其确切的百分比并不重要，在系统的实际测量中，比率从10%到30%不等；它适用于大多数常态分布系统，而对一些系统变量受许多微小、无关作用影响的系统则不适用，如大量的人群以不同方式使用的系统。

对于通常的设计事件而言，在其系统中涉及的各种各样的因素，是生而不平等的。

"80/20法则"可以帮助设计聚焦，提高设计效率。我们通过评估系统各因素的价值，选定重新设计或优化的范围，集中有效资源与力量，面向主要任务，破解设计难题。在不那么重要的80%中，非关键性功能可以减到最低，甚或不计；如果时间、资源有限，那么就不要在非关键性的80%上大力投入、试图优化等动作，因为这种努力往往会产生潜在的失误，可能导致系统整体上的新问题，抵消原本就收效甚微的改善，其得到的回报呈递减效应。

我们也可以结合唯物辩证法的哲学思考，在事物或过程的多种矛盾中，各种矛盾的地位和作用是不平衡的，存在居于支配的地位、起着规定或影响其他矛盾的作用的主要矛盾，其他矛盾则是非主要矛盾。对于设计而言，设计的任务是解决问题，那么首先重要的就是去解决问题的主要方面，切忌主次不分，事倍功半。

伴随着系统设计内容的不断深入与延展，会发现系统不是孤立存在的，有大系统、小系统、微系统等，也会存在具有跨界系统来解决提案的可能。现代的工业设计已经不是简单独立的设计，而是包括产品设计、包装策划、商业策略等多个环节的系统整合设计，即所谓的跨界设计。而更大的跨界是把各种系统均视为解决问题的可能途径和手段，并不在意彼此的所属关系，不仅仅是专业与专业的跨界，更是行业与行业的跨界。

正如马云说：天变了！中国制造业要发生巨大的变化。今天你还在想"Made in China"，但是那个时代正在过去，以后叫"Made in Internet"，所有的零部件、采购都在互联网上完成。在汽车节上，有两个小伙子造了一辆跑车，除了壳是模仿法拉利以外，里面所有的零部件都是在淘宝上采购的，他们还上车展了，最后以140万元人民币出售了，叫"Made in Taobao"。最彻底的竞争是跨界竞争，眼界决定宽度，观念决定高度，脚步决定速度，思想决定未来！最近大家听到最震撼的一句话是，中国移动说：搞了这么多年，今年才发现，原来腾讯才是我们的竞争对手。柯达的葬礼已经被人快要遗忘，摩托罗拉、诺基亚、东芝、索尼、爱国者都在排队等候档期。中国联通和中国移动，就实在是沉睡难醒，毕竟牛了这么多年，加上有政府作支持后盾，怎么都不相信，一个马化腾，就可以在短短几个月内，直接开仓取钱！一个看似简单的微信对话（图1-10），在功能上足以把这两个巨头在电话和短信的收费利用方面赶尽杀绝！

图1-10
微信

跨界创新者们以前所未有的迅猛，从一个领域进入另一个领域。门缝正在裂开，边界正在打开，传统的广告业、运输业、零售业、酒店业、服务业、医疗卫生等，都可能被逐一击破；更便利、更关联、更全面的商业系统，正在逐一形成，世界开始先分后合，"分"是那些大佬的家业；"合"是新的商业模式。

所以，我们不能为系统而系统设计，在把握系统大局的同时，更应该跳出系统看系统，无论是采用系统的设计，还是跨界系统的设计，问题的有效解决才是目标和价值所在。

1.3 产品设计系统观

1.3.1 设计科学

正是鉴于当下的设计师在实际的项目设计过程中，往往习惯性地采用"我感觉"之类的词汇和语境，这更接近一种艺术家气质式的自由表达以及不确定性的游移状态；"我感觉……"表明了人们在从小积累的生活经验中知道某一件事情，经过选择性判断后得出某种观点，这属于一种潜移默化的道理；然而，由于个体生活及成长环境的不同，其默会的道理便有着天然的差异，由此而生的"我感觉……"之类的答案便往往不一而足。

然而，伴随着现代工业革命，在莫里斯的工艺美术运动之后出现的工业设计一开始便以有别于艺术的姿态而展现其存在。正如柳冠中在《事理学论纲》中所说：设计与科学技术、艺术之间存在复杂而又微妙的联系：设计从科学那里汲取知识来探求人类合理的生活方式，设计则选择一定的技术手段来实现自身，设计从艺术那里获得美与价值、情感的表达。❶ 工业设计自诞生之日起，便是在向"我感觉……"之类的艺术运动发起种种自我的挑战，其似乎更倾向于探求"我感觉……"背后的逻辑、规律等道理。这正是产品系统设计内在的基本工作方式和状态。

产品设计系统观主要强调凸显设计作为一门设计学科时应有的科学理性，面对具有复杂性、创造性的设计活动，借助艺术与科学等关联性系统的支撑，通过系统的方法、工具和体系，以科学的方式去接近、解开事实的真相，进而完成设计解决提案。

设计学是自然科学和社会科学结合的成果，其研究方法应该是科学的研究方法，围绕着与设计关联的艺术学、社会学、哲学、城市学、结构学、材料学、控制论、信息论、运筹学、系统工程学等，包括认识论的设计哲学，作为价值论的设计社会学，作为技术论的设计工程学，以及设计心理学、设计史学、设计教育学等。从文艺复兴到20世纪中前期，设计还往往限于单一的学科领域知识，解决所谓专业范畴的某几个设计问题，相关科学理论的发展使得设计取得了方法论上的突破，设计师、工程师、设计理论家不仅仅从相近的学科，也从相远的学科领域去研究、探索设计问题，这促成了设计学科的出现。

"设计学科"是由诺贝尔奖经济学奖得主赫伯特·西蒙（Herbert A. Simon, 1916—2001）在其著作《有关人工的诸种科学》（The Sciences of the Artificial, 1969）中提出的。显然，在工业革命后科学技术的发展，一方面，为设计提供从材料、工艺、结构到工具等新的可能，另一方面，现代各种科学理论影响了设计学科的综合与交叉发展，引起了设计思维的变革，引发了跨越众多学科领域的横断学科——设计学的新的设计方法与设计观念研究。

现代设计学科的大趋势是以多元、动态的方式，实行多种学科应用的系统整合化。系统论方法是以系统整体分析及系统观点来解决各种领域具体问题的科学方法。❷ 系统设计原理是设计思维、问题求解活动的根本原理。工业设计已不仅仅是形态、色彩、材料、质感的艺术设计，也不仅仅是科学与艺术的结合，它是在人类认识论基础上涉及"人、事、场、物"等诸因素的综合性、系统性的设计科学。

❶ 柳冠中.事理学论纲[M].长沙：中南大学出版社，2006.
❷ 王寿云等.系统工程名词解释[M].北京：科学出版社，1982.

产品系统设计

1.3.2 产品设计系统观

基于设计科学的产品设计系统观最终指向为人、为生活提供一种理想的设计服务与新生活的创造，其面向的学科和领域无须也不应该是人为的自我限定。

从历史发展过程看，伴随着科学技术的不断发展，首先，通过与科技相应的生活用品和器具的设计，从衣、食、住、行、用、玩、赏、商等方面不断改变和影响着人们的日常生活形态；其次，21世纪计算机信息技术的爆炸式快速发展，引起设计生产与设计模式划时代的变革，甚至改变了产品物种的类型，出现了大量的软产品，设计师着重在消费者的感觉系统而非产品的物质系统，体验设计、服务设计等应运而生，对于生活的设计观念从有形的物质领域扩展到无形的非物质领域；再次，作为人类聚居最重要的设计——城市的形态也是如此，随着交通工具技术与种类的创新与发展，房屋建造技术与构成的进步与拓展，诸如：西门子电梯的发明与城市摩天大楼的林立（图1-11、图1-12），以及福特T型车生产线的推广与城市城郊规划与布局的改变等（图1-13、图1-14）。

由此，根据研究对象与设计方法的不同，我们可以把产品系统分为以下三个类型：第一，前者是面向工业与产业的产品系统设计；第二，次者是面向服务与产业的产品系统设计；第三，后者跨越了一般意义上的工业设计领域，是面向城市与产业的产品系统设计。

1. 面向工业与产业的产品系统设计

面向工业与产业的产品系统设计更接近传统的工业设计概念，主要对产品自身的形、色、材、质、功能、工艺与结构等进行设计，也可称为狭义产品系统设计。

狭义的产品系统包括狭义产品自身系统和狭义产品相关系统（图1-15）。指一个单一的产品由各方面要素组成一个产品系统，该系统既

图1-11
早期商业电梯

图1-12
摩天大楼

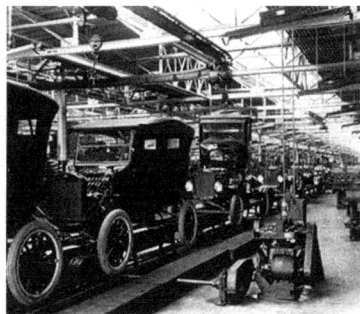

图1-13
福特T型车生产线

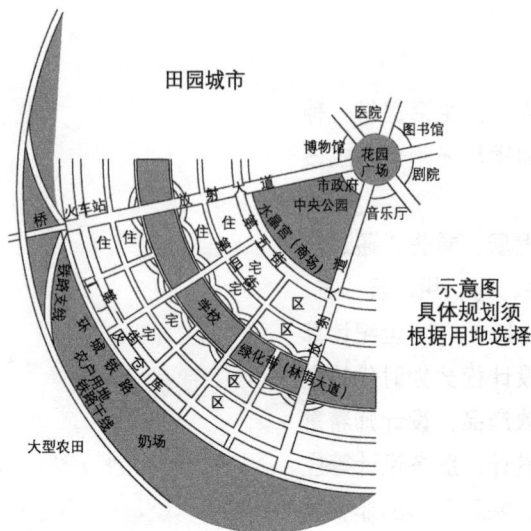

图1-14
霍华德的田园城市理论

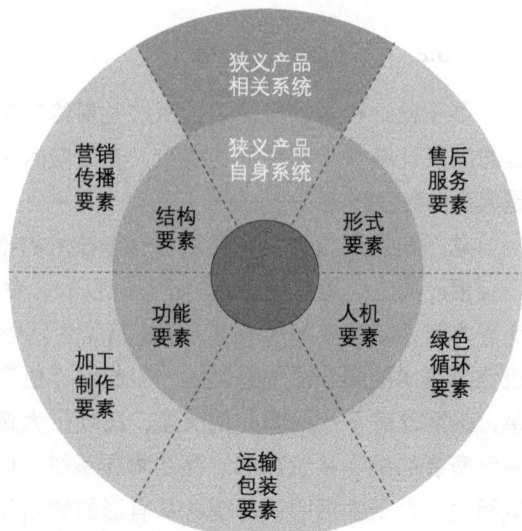

图1-15
面向工业与产业的产品系统设计

包括产品本身，也包括与其相关的各要素组成的相关系统。要素是系统内部相互作用的诸组成部分，是系统的基础，是系统各种结构关系的承担者。正是由于要素之间的相互联系和相互作用，才使得系统所具有的质的特征得以产生并得到保证。

狭义产品自身系统指的是产品自身作为一个系统整体，构成要素直接面对产品，由功能、结构、形式、人机四个要素组成。

系统功能要素，这是指系统与外部环境相互联系和相互作用中所表现出的性质、能力和功效等，是产品存在的首要要素；产品的本质是为人类服务，满足人类日常生活所需，功能的可用性和易用性决定产品的生命周期。系统结构要素，结构是系统内部诸要素的联系，决定着产品功能的实现。产品的功能和形式依靠结构得到体现，可以说结构要素是一个基础要素；但是产品结构也受材料、工艺、使用环境等多方面因素制约。系统形式要素，形式是一个产品带给用户最直接的实际映像，是提高产品附加值的最有力的要素之一；不仅包括外在产品造型、色彩，还应包括产品内在的结构。系统人机要素，人机要素不仅包括用户的人群，还包括产品的使用环境；人机要素注重的是产品与用户与使用环境的整体研究，要有对用户对象的心理学要素和社会学要素及审美要素的考虑，同时根据对用户的研究合理安排功能，使产品的尺寸、功能与用户和环境相适应。市场系统要素，产品的研发生产过程要考虑到产品的市场需求和市场定位，用户作为一个群体形成一定群体的市场需求，这种需求是受特定因素影响的，不具有普遍性；市场的准确定位与对市场需求发展过程的了解有助于对产品进

产品系统设计

行准确的定位，快速找到创新方向。

狭义产品相关系统主要指的是间接对产品设计产生影响的要素，即与产品直接相关的、同属于一个产品设计流程的系统。有加工制作要素、营销传播要素、运输包装要素、售后服务要素和绿色循环要素。

加工制作要素，产品设计不仅要考虑到产品本身的形态、功能与用户需求，还应考虑加工制作技术与加工成本对设计的制约。营销传播要素，是将产品引入市场、在用户间广为传播、扩大产品影响力的一种方式，参与客户的营销战略，包括市场定位、研发、生产、上市、销售、渠道、售后等各个营销环节，帮助用户更好地了解产品，从而扩大市场影响力，得到市场认可。运输包装要素，其主要作用在于保护商品，防止在运输过程中发生货损货差，并最大限度地避免运输途中各种外界条件对商品可能产生的影响；在产品设计中，包装的作用不仅是保护产品，也会是产品给用户的间接感受，良好的包装可以帮助产品更吸引用户的注意，同时也是产品功能的一个展示平台。售后服务要素，包括产品售出后的各种相关服务活动，通过售后服务，不仅可以得到用户反馈以帮助设计的改进，更能帮助用户更好地体验、使用产品，从而扩大产品市场占有率。绿色循环要素，在产品设计中考虑的环境要素，实质是绿色设计，要充分考虑到产品在生命循环的每一个环节可能造成的环境问题，此时产品的设计是面向产品全生命周期的设计，这个周期包括产品从生产到投入市场再退出市场的生命过程。

2. 面向服务与产业的产品系统设计

工业设计正在由传统的主要关注产品本身，转向"产品 + 服务"的更全面、更系统化的现代工业设计，在这个意义上说，面向服务与产业的产品系统设计也可称为广义的产品系统设计。

尤其在以工业设计产业带动我国产业发展重点由生产加工向自主创新转变，使产品定位由成本驱动转化为需求驱动的过程中，工业设计趋向一种综合性系统创新的重要特征。与此相类似，著名经济学家约瑟夫·熊彼特，在创新理论中认为企业创新存在五种方法：①采用一种新的产品；②采用一种新的生产方法；③开辟一个新的市场；④控制一种新的供应来源；⑤实现一种工业的新的组织。

广义产品系统与狭义产品系统最大的区别在于将非物质形态产品列入产品范畴，同时，将产品从单体产品扩展为产品族，以及整个产品族群的生产加工与相关产品服务系统。这里广义的产品系统可大致分为五个层次：产品个体、产品系列、产品族、产品服务系统和大规模定制产品系统，如图1-16所示。

产品个体，即单个产品种类，其自身因功能、形式、结构、人机

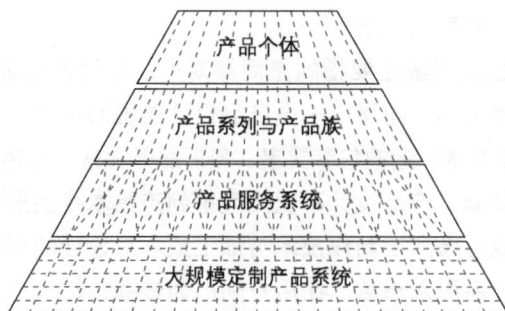

产品个体

产品系列与产品族

产品服务系统

大规模定制产品系统

图1-16
面向服务与产业的产品系统设计

等要素的组合而形成系统。产品系列，是指互相关联或相似的产品，其系统中的各个产品因为功能相关或形态风格相关等构成系统；本质上，这也是企业对其产品进行系列化这一过程的结果，系列中各个产品的关系是并列的。产品族，是指在时间维度上，出现相似性、继承性、稳定性的一系列新旧产品，由于产品开发设计是一个反复迭代、不断更新的过程，所有新产品与以前的产品既具有一定的联系，但又不完全一样；产品族中各产品是递进的关系。产品服务系统，是企业在销售产品时同时提供销售服务的一种商业模式，一种在产品制造企业负责产品全生命周期服务（生产者责任延伸制度）模式下所形成的产品与服务高度集成、整体优化的新型生产系统。大规模定制产品系统，今天随着信息与计算机技术的日益成熟，企业的设计、制造、组装可以最大限度地采取生产分割及外购等方式进行，通过大规模生产的低成本和高效率，为客户定制个性化和多样化产品，即在大批量生产经济效益的前提下进行定制产品生产的系统。

3. 面向城市与产业的产品系统设计

对于工业设计而言，城市是一个极为特殊而又重要的领域，一方面，我们生活、学习、工作几乎都在城市里，另一方面，城市问题似乎天然就应该主要归属于如城市规划、城市设计、建筑设计等专业范畴。这里存在一个设计认识上的大缺项：城市一样需要工业设计支持的各种城市设施、城市家具与城市装备，尤其对当下越来越趋向智慧城市的发展需求而言，显得越来越重要。

正如美国麻省理工学院 Media Lab 倡导"按需设计"理念，并为此进行了十年的设计实践，其"City Car"电动车是在建筑及城市规划学院而非工程学院中研发的，是从城市科学出发，是基于城市需求的一次创新设计，突破了交通工具设计一般是在工学院或工业设计专业完成的常规，这是产品设计系统观面向城市与产业领域的一次极有价值的设计实践参考。

城市设施产品以城市空间为主要载体，数量众多、规模庞大、产品种类亦五花八门，为城市"众人"提供城市生活的便利，也为城市

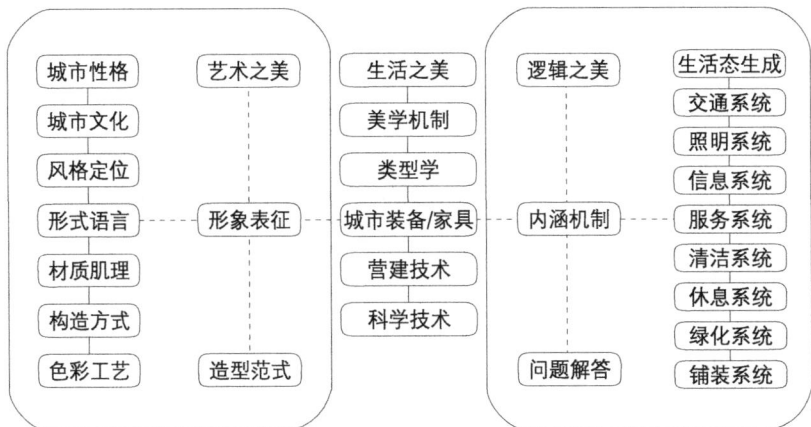

图1-17
面向城市与产业的产品系统设计

自身运行给予应答；既有城市建设的基体色彩，也有产业制造的主体意义，因此，城市设施产品设计可称为面向城市与产业的产品系统设计。

　　与城市相关的产品系统与一般的工业产品系统相比存在很大的不同之处，这是由于城市作为产品设计基体的先决条件导致的。这个系统主要包括从产品的地域文化因素出发、从城市的内涵机制出发两个方面的设计内容，如图1-17所示。

　　一方面，城市可以说是建造，而产品更多的是制造。建造是有根的，这种根性是比较直接而显形的；制造也是有根的，但相对隐形化，由于制造产品的流通性、市场性、生产性等方面的不同，两者形成了显而易见的差别。城市建造更多的是主要面向一定地域范围内的人群、文化与生活态等；而产品制造则需要为千里乃至万里之外的人们服务。在这里，距离表明的就是两者对地域文化诉求的强弱不同，设计在根性上存在清晰化和模糊化的不同聚焦。

　　相对而言，地域文化对城市设施产品单体系列的影响更为直接，设计在城市性格导引下，包含风格定位、形式语言、材质肌理、构造方式、色彩工艺等系统内容。

　　另一方面，城市本身也可被视为一个巨系统产品，千万级人口的现代巨型都市不断出现，城市对于越来越强大功能的诉求欲望不断增强，城市各功能系统也变得越来越复杂，且每一个功能系统自身还存在极大的相关外延对象和内容。比如，笔者在主持杭州市"十纵十横"城市家具系统优化设计时，参加的政府相关职能部门达十六家之多，每一部门都会提出基于各自专业领域需求的意见，从城市家具的硬件造型设计到软件内容设计，从具体某一产品的生产制造、施工安装到日常维护等，可谓众说纷纭、众口难调。

　　《马丘比丘宪章》说："不应当把城市当做一系列孤立的组成部分拼在一起，而必须努力去创造一个综合的、多功能的环境。"这清晰地表明了应该以整体系统设计观来思考城市及其相关产品的设计。城市设施产品相对工业产品而言有其特殊的复杂性，站在城市作为一个巨系统产品的角度，城市设施产品整体系统设计应从城市的内涵机制、城市人的生活态等研究出发，包含交通系统、照明系统、信息系统、服务系统、清洁系统、休息系统、绿化系统、铺装系统等内容。

关于面向城市与产业双重属性的产品系统设计详细内容，请见本书第8章基于城市的产品系统设计。

作业安排

1. 从科技史、设计史中举例分析一个产品系统设计。
2. 从日常生活事件中举例分析一个产品系统设计。

2

第二章 系统科学与设计

【本章内容摘要】

本章对系统科学的基本概念进行概述。系统作为一个科学概念广泛使用，任何模型、元素、关系、整体、输入、输出都可能存在着一系列的系统。产品系统设计是有效分析、组织、管理新产品研发过程中层次信息收集、方案生成到产品系列化、族群化的方法。本章强调产品系统设计方法，通过与一般概念设计过程进行对比，指出系统设计分层次收集信息，阶段推进的特征，以及设计对象广泛性与连续性的特征。

2.1 什么是系统

设计学科作为交叉学科，不断发展，其中有两种途径无法逾越。一方面，设计学科需要吸收其他学科成熟的理论与方法，完善自身的体系结构。另一方面，设计学科需要充分考察设计创新活动的特性，继续巩固自身在研究对象、方法上的特色。而其中系统科学与设计学科的结合，就是我们有待探索发展的方向。

2.1.1 系统的概念

早在古希腊时期的哲学家就已使用"系统"这一概念。但系统作为一个科学概念，是从 20 世纪 20 年代开始的。我们通常将奥地利生物学家路德维希·冯·贝朗塔菲提出的一般系统理论视为系统论的理论起源，并将系统论奠定为系统科学的理论基础。

从系统的定义方式看，现今的各种系统定义大致上可分为三组：

一是把系统看做数学模型的某一类，即可以反映系统内部因素数量关系的数学公式、逻辑准则和具体算法。[1]

二是通过"元素"、"关系"、"联系"、"整体"、"整体性"这些概念给出的系统定义，通常定义为：系统是由两个以上可以相互区别的

---

[1] 朴昌根.系统学基础 ［M］.上海：上海辞书出版社，2005：100.

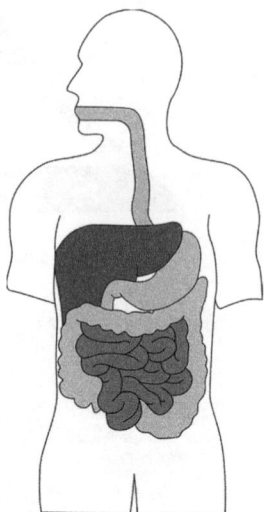

图2-1
人体消化系统

要素构成的集合体；各要素之间存在着一定的联系和相互作用，形成特定的整体结构和适应环境的特定功能；它从属于更大的系统。[1] 例如人的消化系统，它自身包括咽喉、食道、胃、大肠、小肠、肝、胰等器官要素，其中口腔、咽喉、食道、胃、小肠、大肠等器官要素由消化道串联起来，在人体内环境下进行消化作用，而人的消化系统同时从属于人体系统，如图2-1所示。

三是借助"输入"、"输出"、"信息加工"、"管理"这些概念给出系统定义。[2] 采用黑箱来定义系统方法，指当一个系统内部结构不清楚，或者根本无法弄清楚它的结构的时候，借助系统的输入、输出，分析系统特性，而无须考虑系统内部的结构，如图2-2所示。

举一个简单的例子来说明基于黑箱的系统定义，人们看电视通常不懂电视机的构造和原理，但是，电视可以看做运用遥控器进行操作指令、电视信号输入，并且输出动态画面和声音的系统。如果需要进一步了解电视系统构成，将该系统由黑箱变为灰箱，甚至白箱，就需要从信息的输入、输出逐步分析来判断其中的功能、结构（图2-3）。

事实上，没有绝对的系统与非系统，两者是相对于不同参照系而存在的。比如说，一堆零件在普通人看来不是系统，只是一些零散的元素，因为毫无内在联系；但是这堆零件在研究机械的人看来却是一个系统，因为这些零件可以相互组装形成一个全新的产品。如图2-4所示，左图一堆零件看上去是无关的元素，是非系统；但事实上它们可以组成一个双层圆柱形游丝内振荡系统（右图）；两者的区别在于是

图2-2
黑箱方法

图2-3
基于输入输出解释电视机系统

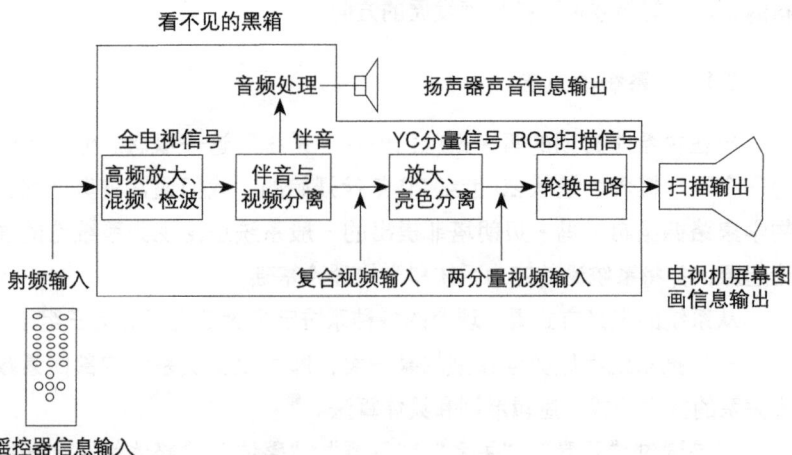

---

[1] 朴昌根.系统学基础［M］.上海：上海辞书出版社，2005：100.
[2] 朴昌根.系统学基础［M］.上海：上海辞书出版社，2005：100.

产品系统设计

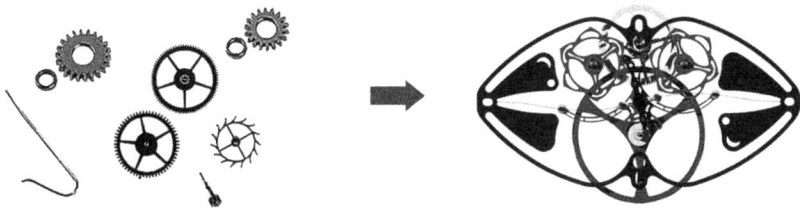

图2-4
系统与非系统

否将这些元素以机械表为参照系。一个参照系中，如果一个或一类研究对象被看做系统，那么其要素和环境就可被看做非系统。同一个研究对象在不同参照系中可能被当做系统、要素或环境。如一个人，在生物学上是一个系统，在社会学上是家庭要素，对于其他人而言却属于环境。在这里，一个人是研究对象，生物学、社会学和其他人就是参照系。

总而言之，"系统"无处不在。系统概念可以适用于一切研究对象，即从整体、要素、关系全面分析事物。系统和非系统是相对的。在不同参照系下，系统呈现出不同的意义，系统本身也是相对的。

2.1.2 系统的类型

系统是一个复杂的概念，它无处不在、无处不包，因而系统的分类也是多样的（图2-5）。

从系统的组成来看，可分为物质系统和观念系统。物质系统分为物理—化学系统，如原子、分子、星系、地球等；生物系统，如细胞、植物、动物等；社会系统，如车间、工厂、城市系统等。观念系统包括人对客观世界的认识，如社会科学和自然科学的知识体系等。

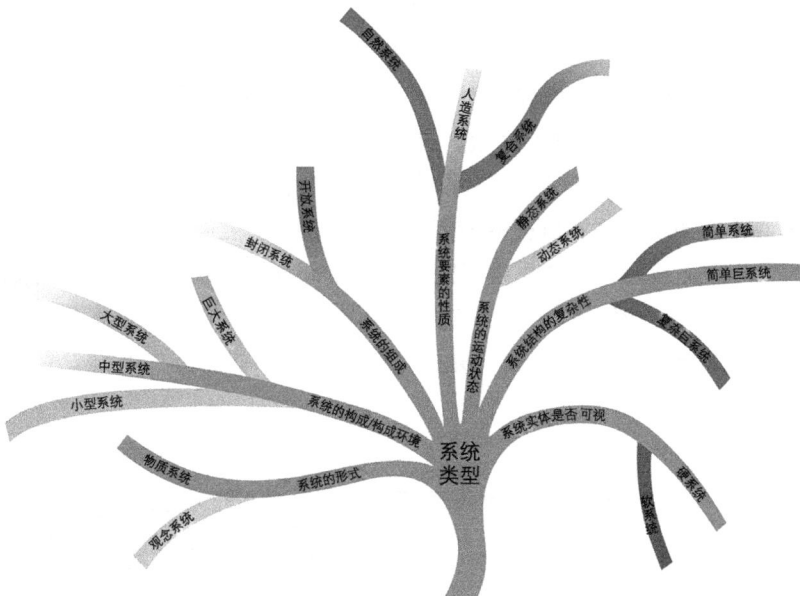

图2-5
系统类型图

从系统的形式来分，可分为小型系统、中型系统、大型系统和巨大系统。这些系统是层级递进关系，根据系统内部结构等级的多少来划分。

从系统的构成或构成环境来看，分为封闭系统和开放系统。封闭系统是在一定时间内，不依赖于任何外界的影响，能够进行自我调节或控制，具有稳定生存能力的系统，如一个生态球，里面包含水、沙、无机盐、水草、鱼组成的简单人造生态系统。开放系统则受外部条件影响，如澳洲的生态系统受到野兔这个外来物种的入侵，整个系统稳定性受到影响。

从组成系统要素的性质来看，可分为自然系统、人造系统，以及两者结合的复合系统。自然系统是由自然物组成的系统，如生态系统、气象系统等。人造系统是人工造出来的系统，如管理系统、医疗系统、生产系统等。复合系统则是自然系统和人造系统的结合，如北斗导航系统、人机系统等。

从系统的运动状态来看，可分为静态系统和动态系统。静态系统顾名思义是静态的、稳定的系统，如晶体结构系统、桥梁系统等。动态系统则是运动的系统，在一定程度上表现为相对的平衡，如钟表的机械结构、太阳系。

根据系统结构的复杂性，钱学森将系统分为简单系统、简单巨系统、复杂巨系统。生物系统、人脑系统、人体系统、地理系统、社会系统等都是复杂巨系统。其中，社会是最复杂的系统，又称特殊复杂巨系统。而这些系统又都是开放的，与外部环境有交换活动，因而又称开放的复杂巨系统。

根据具体系统的实体是不是可视的，可将系统分为硬系统和软系统。硬系统指实体可视的系统，如机器、工厂、建筑物等物质系统是硬系统，是硬科学的研究对象。软系统指实体不可视的系统，如制度、方法、程序、规范等概念系统，是软科学的研究对象。

根据系统内部信息的掌握程度，可以分为黑箱、灰箱与白箱。白箱：知道手电筒从开关到灯亮的所有原理和结构，即能够获得内部全部信息的系统；灰箱：知道手电筒灯亮需要打开开关和装上电池，其他具体结构并不了解，即只能获得内部部分信息的系统；黑箱：只知道手电筒打开开关就会发亮，即内部信息完全不能掌握的系统。如图2-6所示。

图2-6
白箱、灰箱、黑箱

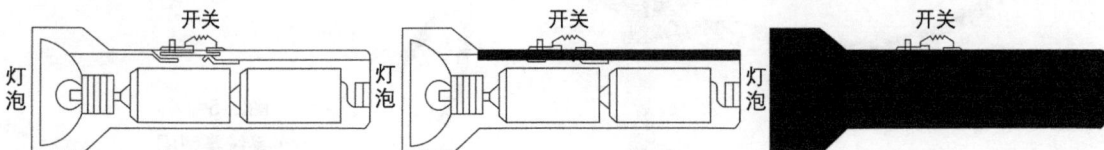

产品系统设计

2.1.3　系统的特征

一个系统一般具备六个基本特征：

整体性，它是由各要素构成的有机整体。比如汽车动力系统由曲轴、飞轮、离合器、变速器、万向节、传动轴、差速器、减速器、车轮等要素组成。

相关性，系统中各要素是相互联系、相互作用的。地球和月球构成名为地月系的天体系统，地球和月球作为该系统的要素相互作用，月球对地球所施的引力的变化会影响到地球上潮汐的涨落，月球引导地球的公转和自转，地球对月球的万有引力使月球绕着地球转动。

目的性，系统要完成特定的任务。社会系统是目的性的系统，向着特定的目标发展，通过不断地协同、竞争、演化，开放地向前发展。人类社会系统是从原始社会向封建社会、资本主义社会、社会主义社会一步步完成历史任务进步的。

层次性，系统具有层次结构，能相应地分解成为各层次子系统。快速公交系统是一个复杂巨系统，其中包括运营管理系统，而运营管理系统又包括 GPS 调度系统等，体现层层递进、缩小的系统层次性。

动态性，系统中的各要素及相互关系是会发展变化的。如人体神经系统是调节控制人体各器官及系统的活动，使人体能够快速对外界或内部作出反应和调整，从而实现和维持正常的生命活动。神经系统的有序进行需要各系统和器官的配合，受新陈代谢和外界刺激的影响，神经系统的反应过程会不断发生变化。

适应性，系统具有适应环境的能力。汽车动力系统是人造系统，是为人服务的，要与使用环境与汽车特性、外形相匹配。又比如说一个生态系统只有适应生存环境，这样才能保持生态系统的稳定。

这里以北斗导航系统为例，来解释系统特征，如图 2-7 所示：

（1）北斗导航系统由轨道卫星、控制中心、用户端等子系统构成，各个子系统只有相互配合，才能产生导航作用，体现了系统的整体性。

（2）北斗导航系统中关键技术是东三平台控制系统，卫星是其子系统，每个卫星又具有时间子系统、坐标子系统、频率子系统等。这样的结构体现了系统构成的层次性。

（3）北斗导航系统的信息传输，体现了系统的相关性和目的性。轨道卫星、地面中心控制系统、用户终端作为北斗导航系统的组成元素，相互协调运作。地面中心控制系统向空中轨道卫星发送查询信号。卫星得到查询信号后，根据指令返回查询内容到地面中心控制系统，后传向用户，用户响应并发出响应信号，由卫星转发给中心控制系统解读计算，最后反馈给用户终端。

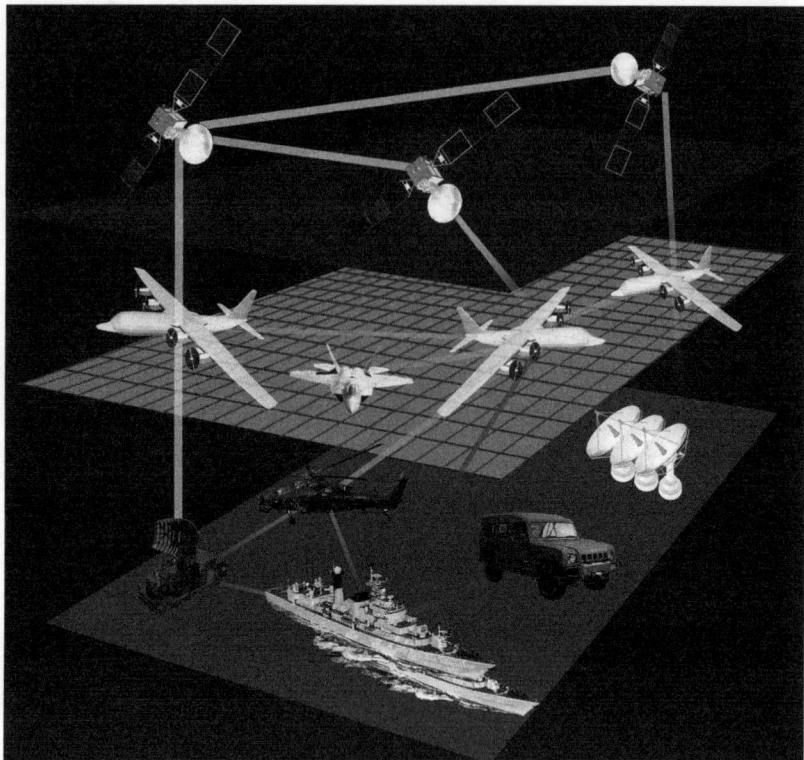

图2-7
北斗导航系统体现系统
特征

（4）北斗卫星导航系统为了其准确性与广泛性，不断进行系统的
升级与信息的更新，从而使整个系统更好地动态向前，提升工作效率，
体现系统的动态性。

（5）我国为北斗卫星导航系统在不同地区建立地面中心站等设施，
同时系统适应灾害报警、位置定位、军用等，并与GPS、格洛纳斯、
伽利略系统兼容共用，这也是系统适应性的良好体现。

2.2 系统科学、系统方法论和系统工程

系统科学体系结构复杂，这里对系统科学、系统方法论和系统工
程进行概述。其中，系统科学是以系统为研究对象的基础理论学科群。
系统方法论是系统科学中应用转化为改造客观世界的方法。而系统工
程是组织管理系统的应用技术，三者关系如图2-8所示。

2.2.1 系统科学

系统科学是一门横断学科，以系统为研究对象，从系统结构和功能、
系统的演化来研究各学科。它源自系统思想，经过科技革命与马克思
辩证哲学思想的融合逐渐形成现代的系统论思想。狭义系统科学一般

系统科学

系统方法论

系统工程

图2-8
系统科学结构示意图

产品系统设计

包括三个方面内容：控制论、信息论、运筹学。而广义系统科学内容丰富，它包括系统论、信息论、控制论、耗散结构论、协同学、突变论、运筹学、模糊数学、物元分析、泛系方法论、系统动力学、灰色系统论、系统工程学、计算机科学、人工智能学、知识工程学、传播学等一大批学科在内。系统科学是 20 世纪中叶以来发展最快的一门综合性科学。

系统科学不同于研究自然界某一或某些物质运动形式的自然科学，它解释的是客观世界和人类知识中共性的东西。例如，信息论研究信息的计量、传输、处理、变换、储存，涉及范围非常广泛，有电子计算机程序、遗传密码、人类语言等。但是，当信息论研究信息的实质和特征时，会对各知识领域进行抽象和概括。比如，把信息理解为有意义的信号，无论是声音、颜色、气味、自然景物，还是语言、文字、图像，这些都是信息，呈现出信息广阔的覆盖性。

现代信息社会的系统的复杂程度超过了人们的信息处理能力。系统科学的发展为现代社会、经济、各科学领域中的系统复杂性问题提供了思路。系统科学更多的是作为方法论、理论指导而存在，为人们处理复杂系统提供参考。系统科学不只是为研究管理的系统近路、组织控制理论等提供科学的理论和方法，还关注和解决如可持续发展问题、生态问题、全球化问题等现代人们最关注的问题。

2.2.2 系统方法论

基于以上对系统属性的描述，提出系统方法论，它是一套关于使用方法的方法。通讨运用系统思考解决非系统问题的定性研究技术，指导解决包含有大量社会的、政治的以及人为因素的复杂问题。

1.硬系统方法论（系统工程方法论）

硬系统方法论，原名系统工程，又被称为霍尔三维结构（图 2-9），

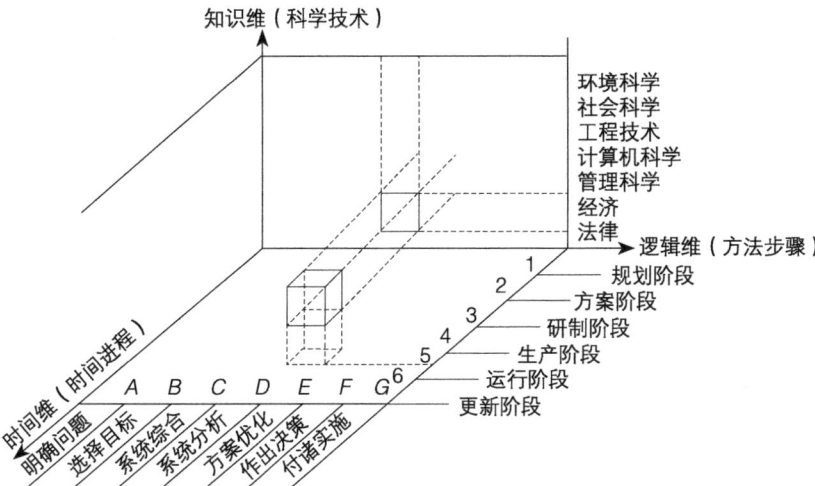

图2-9
霍尔三维结构

将系统工程整个活动过程分成了 6 个阶段和 7 个步骤。其中，逻辑维，解决问题的逻辑过程、步骤；时间维，工作阶段；知识维，专业学科知识。以上元素组成三维空间结构。

解决复杂问题就需要考虑为完成这些阶段和步骤所需要的各种专业知识和技能。霍尔的三维结构模式的出现，为解决大型复杂系统的规划、组织、管理问题提供了一种统一的思想方法。例如，军事系统工程一般是硬系统工程，在逻辑维上，运用系统科学的理论和定量与定性的方法，对军事系统实施合理的筹划、研究、设计、组织、指挥和控制；在时间维上，需要有一个系统的战略布局，有时间性、阶段性的推进；在知识维上，需要用到现代参谋组织、现代作战模拟、现代通信、计算机和网络等技术。

霍尔三维结构适用于探索性强、技术复杂、投资大、周期长的"大科学"研究项目，可以减少决策上的失误和计划实施中的困难，其局限在于只适用于解决偏重工程、机理明显的物理型硬系统，不够人性化，考虑不到环境因素的影响。

2. 软系统方法论

英国的切克兰德（P.B.Checkland）教授创造了软系统工程方法。同硬系统相比，软系统论更多考虑人为因素，主要完成对问题情境的建立，通过反复使用系统概念来反映、思考世界。这个反映与思考是通过系列系统模型来实现的，其目的是改进一个系统，进行缓和的变革。

软系统论方法步骤（图 2-10）：

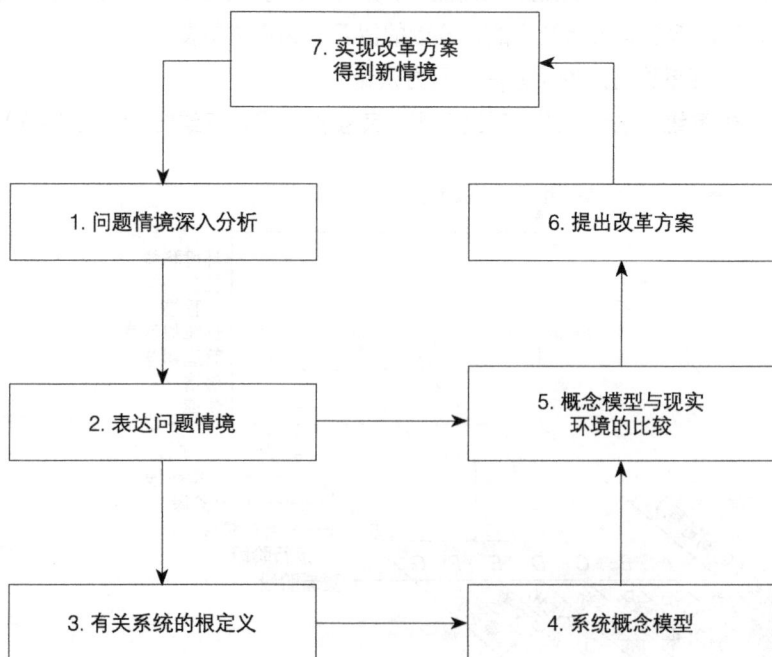

图2-10
软系统论方法步骤

产品系统设计

（1）对问题情境加以考察；

（2）对问题情境以自然语言的形式加以表达；

（3）建立定义（受益、受害者C，执行者A，转化过程T，世界观W，系统所有者O，系统约束环境E）（CATWOE）；

（4）建立概念模型，自然语言描述；

（5）将概念模型与实际情境状态进行比较；

（6）提出改革方案；

（7）实现改革方案得到新情境。

其中，第（1）、（2）、（5）、（6）、（7）五个步骤是在现实世界中进行的，是对客观物质世界的研究。第（3）、（4）两个步骤是用系统思维进行系统概念模型的建立。

软系统方法论通常适用于解决偏重社会、机理尚不清楚的生物型软系统。较难用数学模型表示，往往只能用半定量、半定性的方法来处理问题。软系统"软"的主要原因是解决问题的过程中受到了人的直觉和判断的影响。软系统方法，主要用于处理广义的社会问题，适合于诠释的、主观性较强的、利益与文化相互冲突的社会事务系统。

3. 物理—事理—人理系统方法论（WSR系统方法论）

物理—事理—人理系统方法论（WSR系统方法论）是一种将物理、事理、人理三者巧妙配置并有效利用于解决问题的系统方法论。物理指涉及物质运动的机理，通常要用到自然科学知识，主要回答这个"物"是什么。事理指做事的道理，主要解决如何去安排，通常用到运筹学与管理科学方面的知识，主要回答怎样去做。人理指做人的道理，通常要用人文与社会科学的知识，主要回答最好怎么做。实际中处理任何事和物都离不开人去做，而判断这些事和物是否得当也由人来完成，所以系统实践必须充分考虑人的因素（表2-1）。

物理—事理—人理系统方法论内容　　　　表2-1

	物理	事理	人理
对象与内容	客观物质世界法则、规则	组织、系统管理和做事的道理	人、群体、关系、为人处事的道理
焦点	是什么？功能分析	怎样做？逻辑分析	最好怎么做？可能是？人文分析
原则	诚实；追求真理	协调；追求效率	讲人性，和谐；追求成效
所需知识	自然科学	管理科学、系统科学	人文知识、行为科学、心理学

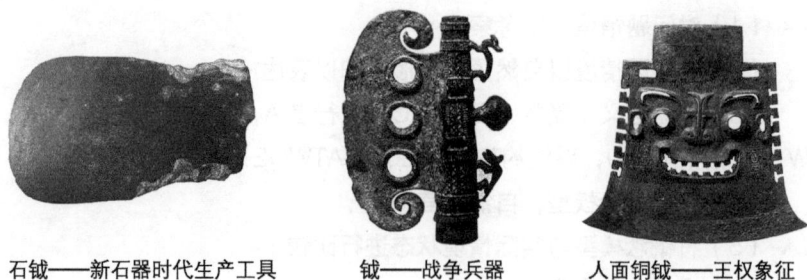

图2-11
石钺、钺、铜钺

石钺——新石器时代生产工具　　　钺——战争兵器　　　人面铜钺——王权象征

古人把造物设计理解为天、地、人、物、工之间的关系。即，地理环境、人文环境、消费者的意识、器物与造物者的关系必须是和谐统一的，也就是说，造物的过程是依据物理、事理、人理的。新石器时代的钺是作为生产工具使用的，随着时间的推移与社会的发展，逐渐演变成为政治器具，兼有武器和礼器的功能。钺从劳动工具演化成为战争用的利器，因其砍劈的功能已不适用于战争远距离戳刺的需要，逐渐在战争中被淘汰，作为礼兵器成了王权与杀伐的象征。钺的功能也限制了它的材质，作为生产工具的钺是从石斧分离出来的，而作为战争工具，多使用青铜以保证钺的坚固与锋利程度，作为礼器，钺便成为完全符号化的工具，带有繁复的装饰纹样，拥有装饰意味。钺的演变并不是单向的，受到使用者和使用环境的影响，它可作为生产工具、兵器、礼器同时存在，并随时依据使用者的需求而改变其功能。可见，无论是古人的造物还是今人的造物，我们所创造的物包括物的演变都是依据使用环境的变化、使用者的变化而变化的。"致用利人"是设计者造物的前提，设计者所造之物必是致用、应变，能与环境、使用者、生产工艺相协调一致的。如图 2-11 所示为钺的演变。

2.2.3　系统工程

系统工程横跨若干个专业领域，应用系统方法论与现代科学技术体系，去解决实践中的复杂工程问题。系统工程有若干流派，其中主要流派有两个：自动化流派与管理流派。

阿波罗登月计划，是系统工程处理复杂大系统的最早的成功例子。该计划参加的工程技术人员有 42 万人，参与企业有 2 万多家，大学和研究机构 120 所，涉及零部件 1000 万个，电子计算机 600 多套，耗费 300 多亿美元，涉及包括火箭工程、通信工程、电子工程、医学、心理学等多种学科，形成了一个协同成千上万项工作的系统，使得登月工作能够有序地进行。如图 2-12 所示。

位于四川省都江堰市的都江堰水利工程，由两千多年前战国时秦

产品系统设计

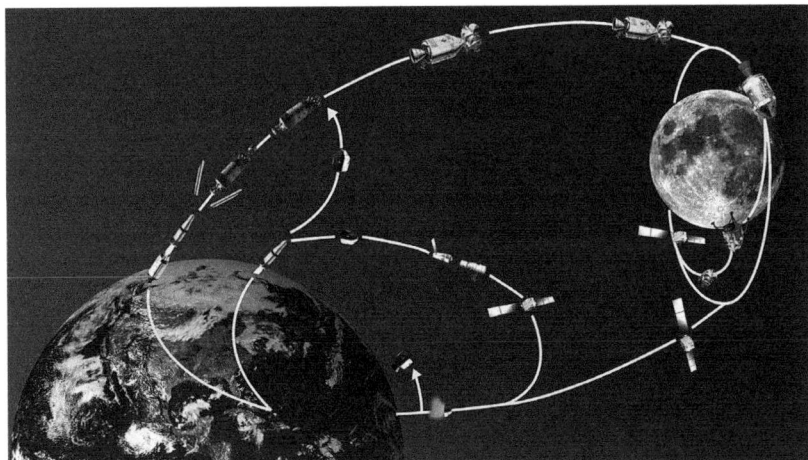

图2-12
阿波罗登
月计划

国蜀郡太守李冰及其儿子主持建造，经过历代不断地整修，至今仍在发挥巨大的作用，是系统工程思想应用的典范。都江堰工程通过分水、引水、溢洪排沙三个主体工程来实现引水灌溉和防洪，同时兼具水运和城市供水的功能。分水鱼嘴、宝瓶口、飞沙堰是对都江堰三个主体工程从形态到功能的形象称呼。

实施至今日的岁修制度是都江堰水利工程至今发挥作用的关键，该制度体现了系统工程实现最优化设计、最优控制和最优管理的目标，通过不断地维护和改进使整个系统工程持续保持最优运作状态。事实上，现代所见的都江堰早已与最初的工程相去甚远。从功能来说，都江堰初成时以航运为主、灌溉为辅，经过上百年的开发，到汉朝时灌溉面积达万顷以上，其功能从此转为农业灌溉为主，新中国成立后，都江堰的灌溉系统继续扩建和改造，成为世界上灌溉面积最大的水利工程。从结构来说，都江堰堰体结构一开始是竹笼结构，经受不住岷江长期的急流冲击，需要经常整修。元朝首次引入铁石结构，避免每年都需较大规模整修，此后明清两代先后共有四次采用铁石结构大修都江堰枢纽。有趣的是，受当时工艺水平及原材料的限制，明清时期都江堰的整修一直在竹笼结构和铁石结构间徘徊。民国时期的大规模整修，运用近代的设计施工方法以及新型建材，采用巨型条石构筑鱼嘴，以水泥为胶结材料，并秉承传统的杩槎、竹笼等护堰手段层层设防，奠定了现代鱼嘴的基础。新中国成立后，主体结构及所有分水堤、导水堤和渠岸都以混凝土进行加固和保护，原有的自流分水系统由人工控制的水闸系统代替。

都江堰工程主体结构与功能的变迁是与科学技术的进步紧密结合的，体现了高度综合的管理工程技术，如图2-13所示。

图2-13
现代都江堰工程示意图

2.3 系统设计方法

　　本节着重介绍一般概念设计流程及系统设计方法两方面内容。前一内容通过回顾概念设计流程，为理解系统设计方法特征奠定基础。后一内容概述系统设计方法，分层次、阶段式收集由宏观到微观的设计信息，提升设计质量。产品系统设计方法是将系统方法论，应用到新产品开发活动中，更为科学、有效地进行产品设计的方法。产品系统设计方法体现在两个方面：一方面是流程系统化。通过分层次、阶段式收集信息，寻找机会缺口，输出设计方向。另一方面是对象系统化。通过分析产品系列、产品族、产品品牌，构建包括平面、传媒、产品、环境的设计生态，实现设计系统性与连续性。

2.3.1 一般概念设计流程

　　在一般概念设计框架分层次模型中，设计过程可以理解为商业需求向设计策略转化以及设计策略向设计方案转化两大阶段，向下可以分为提出问题、分析问题、解决问题、评价问题四个分阶段。模型可以继续分解说明在分阶段下更为具体的设计活动。一般概念设计框架既可以帮助理解复杂的设计与商业结合过程，达成多领域产品开发的共识；又可以结合到具体的设计项目中，具有良好的应用性，如图2-14所示。

　　其中，设计策略包括提出问题和分析问题，这就表示概念设计流程中首先要明确设计的目的和切入点。通过提出问题这一方式发现产品存在的问题，明确商业特殊需求、评估需求、辨明基本问题，再通

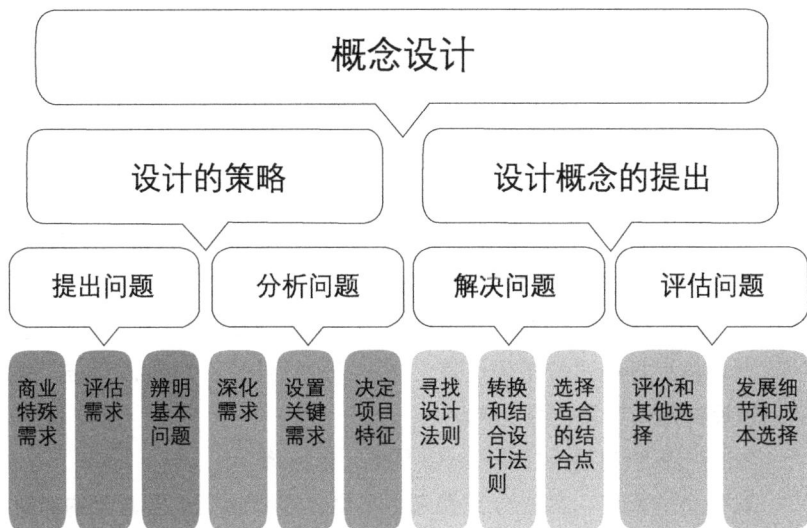

图2-14
一般概念设计流程图

过对需求的进一步深化、设置关键需求、决定项目特征的具体问题进行分析。设计概念的提出就是解决问题、评价问题的过程。当问题分析完成后所要做的，就是根据问题通过寻找设计法则，利用转换和结合设计方案，提升方案的概念水平，挑选出适合的方案结合点，最后通过评价和其他选择、发展细节和成本选择，对整个解决方案进行评估是否适合，来解决这一问题。

2.3.2 产品系统设计方法

随着全球化市场的发展，市场形态的演化，企业只有通过系统化创新，才能缩短产品生命周期，灵活、快速地应对市场变化，准确、及时地把握商机。由于产品设计涉及多方面领域，是一个包括商业战略、资金、技术、人力资源、文化等众多因素的复杂、系统性工程，所以系统设计方法不可或缺。这里主要包括以下5个环节，如图2-15所示。

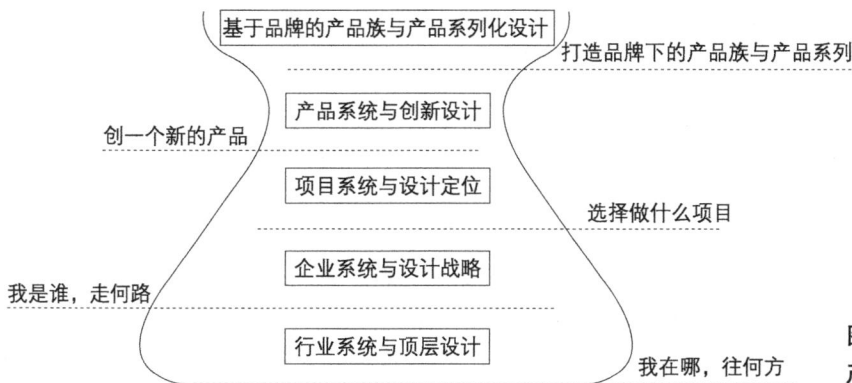

图2-15
产品系统设计框架图

1. 行业系统与顶层设计——我在哪，往何方

当我们进入某一行业领域，开始准备参与竞争、期待分享盛宴之前，首先要认清该行业总体情况如何，它是朝阳行业还是夕阳行业？它进一步发展的机会点在哪里？我们在这个行业中目前处于一种怎样的竞争格局态势？我们又将如何看到前行突破的大方向？

在这个环节，完成对行业系统的前期调研，并作出顶层设计决策。首先要对行业系统背景进行分析，运用 SET（社会、经济、技术）系统因素分析方法，通过对行业信息进行系统的收集整理，了解该行业的现状。再根据经过分析的信息，作出行业顶层设计决策，为接下来的系统设计提供纲领性的指导。

2. 企业系统与设计战略——我是谁，走何路

对于企业而言，每一分钱都来之不易。因为，在极度繁荣的商业社会中，几乎任何一个行业都充满了竞争与压力，企业需要在认清自我、完善自我的基础上，量身定做，充分挖掘、发挥自己的特长，明确自己的道路，方能有不断获胜的机会。

这个环节，在顶层决策的指导下，形成企业设计战略。通过对企业系统中的文化、市场、开发资源以及产品服务因素进行分析归纳，指明企业产品设计开发的宏观方向，为推动企业系统化创新奠定基础。

3. 项目系统与设计定位——选择做什么项目

俗语说：不要把鸡蛋放在一个篮子里！对于企业选择项目来说也是一样，无论是拓宽已有项目，还是开创新的项目，都是一件很重要的事。这不仅涉及企业需要组织人力、物力、资金等方面，同时，项目选择正确与否直接影响企业的发展与接下来的具体产品设计工作。

项目系统重点要确定"选择什么项目"，这是系统设计的一个重要环节。项目系统需涉及各方面的相关因素，如新产品研发项目的管理，市场定位，产品目标用户的需求分析，产品功能的定义与组合，产品的风格特征，产品在研发过程中的绿色指标评估，新产品研发的技术支持及搭载的核心技术，企业品牌的深化与演绎等。项目系统的研究成果即是产品的设计定位，确定做什么，从哪些方面展开设计，使设计有明确的目的。

4. 产品系统与创新设计——创一个新的产品

从宏观的行业系统、中观的企业系统到微观的项目系统，再到具体的产品系统，这是一个分层聚焦的过程，产品系统将承担并直接影响着整体系统最终的成败；从行业顶层设计、企业设计战略到项目设计定位，再到产品创新设计，终归还是要通过具体的产品来说话。

这是产品系统设计过程中开始具体项目设计的步骤，是具体产品开发的过程。在产品系统设计大环境下进行新产品的定位、设计与评估。

最终通过产品系统进行源源不断的系列化产品创新。该环节重点在于如何进行系统化的创新设计。

5.基于品牌的产品族与产品系列化设计——打造品牌下的产品族与产品系列

从 OEM、ODM 到 OBM 的利弊分析与观察，中国的制造业之路已经基本清晰。毫无疑问，品牌是现代商业社会中的核心价值所在，不仅仅是指社会价值，更是指经济价值；围绕着企业品牌来制定企业发展的各种策略，开展产品族与产品系列设计，是企业产品保持整体性、持续性竞争力的系统设计要求。

通过挖掘并提取企业品牌产品族基因特征，明晰品牌产品识别设计，建构品牌平台与产品平台（ Platform ）。以品牌产品平台战略为指导，针对细分市场中不同客户群的需求，进行基于产品平台的相关系列产品创新设计，以高效益比和快速开发周期来满足不同客户的个性化需求。具体通过研究现有成功品牌案例，进行品牌平台与产品平台设计规划，建立以品牌为基础、以需求为导向、以产品设计为核心的产品系统研发体系，进而推导出产品族系统设计，以及新产品系列化设计的拓展。

作业安排

1.举一个系统工程的案例，并加以系统阐述。

2.选择一个企业，并从企业 CEO 的角度，分析该企业的产品研发情况。

3

第三章 行业系统与顶层设计

【本章内容摘要】

　　本章对行业系统与设计进行概述，在说明行业概念、分类、分层的基础上，以典型行业发展为研究背景，应用社会、经济、技术系统分析方法（SET），对行业中的基本状况进行信息收集、梳理，明辨行业发展的趋势与机会，从而导出行业顶层设计决策，为进一步构建企业设计战略提供依据。本章重点是行业系统分析与顶层设计。

3.1　行业系统与设计

　　在复杂的商业社会竞争中，导致产品创新遭遇市场滑铁卢的失败存在多方面可能，诸如：销售渠道、价格定位、产品质量、功能使用、售后服务等。但是，在这一切开始发生之前，我们对于市场、行业的认识，以及由此制订的具有针对性的设计决策，比如选择是红海战略还是蓝海战略等，其随之而来的一系列后续手段对于产品创新的最终成败会产生根源性的作用。

　　在产品研发之前，通过对行业的判断与选择，全面考虑商业、社会、技术等诸因素，是产品系统设计的开端性环节。往往在事情的开始，我们会发现各类信息充斥其中，各种力量相互冲击，以及由此带来种种难以琢磨的不确定性和风险性，如何选择行业及开展项目的切入点，就成为首要的宏观层面问题。

　　行业是一个经济学领域的概念，是指从事相同性质的生产或其他经济活动的经营单位或者个体的组织结构体系。例如，我们熟知的行业就有家具制造业、交通运输设备制造业、工艺品及其他制造业、信息服务业等。行业在国民经济系统中，是隶属于产业之下，在企业之上的一个中层概念，如图3-1所示。其中，产业是物质生产部门，是按照规模经济和范围经济要求集成起来的行业群体，行业是由生产同类产品或者提供相同服务的企业组成。

　　按照科学依据，对从事国民经济生产和经营的单位或者个体的组

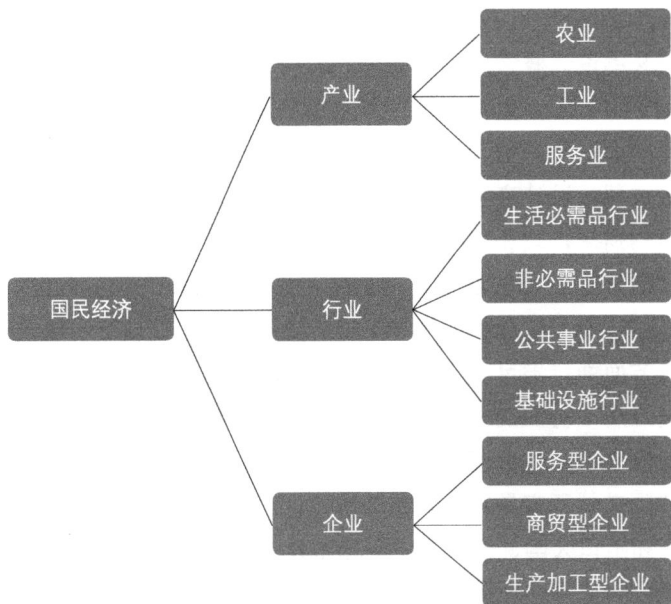

图3-1
国民经济的构成

织结构体系进行详细的划分，形成行业分类。2011年由国家统计局修订的国家标准《国民经济行业分类》(GB/T 4754—2011)，将国民经济行业划分为20个门类，包括农林牧渔行业，采矿业，制造业，电力、燃气及水的生产和供应业，建筑业，批发和零售业，交通运输、仓储和邮政业，住宿和餐饮业，信息传输、软件和信息技术服务业，金融业，房地产业，租赁和商务服务业，科学研究和技术服务业，水利、环境和公共设施管理业，居民服务、修理和其他服务业，教育业，卫生和社会工作行业，文化、体育和娱乐业，公共管理、社会保障和社会组织，国际组织。在这20个门类中又包括不同的具体行业，这些行业涵盖了国民经济的各个方面。

行业的发展遵循着从低级自然资源掠夺性开采利用和单纯的人工劳务输出，逐步向规模经济、科技密集型、金融密集型、人才密集型、知识经济型的发展规律；从输出自然资源，逐步转向输出工业产品、知识产权、高科技人才的规律，如图 3-2 所示。同时，每一个行业的发展变化都产生于一定的社会需求之上；只有在对整个社会的现状、

自然资源 ························➤ 工业产品 ························➤ 知识产权

图3-2 行业发展规律

行业趋势变化有了充分的了解，才能发现、把握新的行业缺口机会。

从广义的设计概念上讲，设计也是一个行业；在现代经济理论中，设计归属于服务业，也就是第三产业的一部分。设计是人类为实现某种特定目的而进行的创造性活动，它是一种创造性的行为，是一种解决问题的过程。设计产生的初期是因为人类为了不断适应、改变自身生存环境的需求，站在这个角度看，从人类诞生的那一天起，设计就开始了。通常我们说的设计是指艺术设计、建筑设计、工业设计等，其初始是对功能和形式的认识和解决。现代生活中的设计不断改进生活中的方方面面，满足人们日益增长的需求，提高生活质量。设计行业是国民经济中行业的一个分支，由于设计学科的交叉属性，设计可以对各行各业都起到举足轻重的作用。

例如，在外贸家具行业发展中的设计角色变化。我国是世界上的家具生产和出口大国，出口额占全球家具出口的 20%，尤其是在加入世贸组织后，随着一系列开放政策的实施和家具关税的逐年降低，中国家具出口额以两位数每年的增长速度递增，主要出口地区集中在欧美少数国家，2007 年占美国出口总额的 43%，欧盟国家出口总额的 19.5%。一般的外贸家具企业在来样加工、订单生产情况良好时，重要的是订单、制造、工艺、成本等方面，家具设计则被放在了一个不重要的位置。我国整体家具行业长期处于缺乏原创设计，产品层次较低，抵御市场风险能力较弱等状态。当受到金融危机的影响时，出口开始大幅度下降；受到人口红利消失的打击时，人力成本开始大幅度上升，产品出口价格竞争力下降，于是，大面积的外贸家具企业遭受重创。但是，同样面临经济危机、人力成本等不利因素，同样是出口代工型企业，那些拥有自主创新设计能力、高附加值产品的企业生产情况与发展态势却依然不错，比如曲美家具、全友家私等。这充分说明，设计对于一个行业的价值、作用与影响力。

3.2 行业系统分析（I-SET）

俗语说：男怕入错行，女怕嫁错郎。这里行业包含了职业的类别，也表明了人们认识行业、选择行业的重要性。在当下社会中，人们往往会关注热门行业，更青睐于新兴行业，因为那些行业蕴藏着更多的赚钱机会以及发展空间。

比如信息服务行业，在 21 世纪信息技术将成为经济发展的主要手段和工具。20 世纪末，全球 GDP 中，已有 2/3 以上的产值与信息行业有关。据统计，信息产业的销售额 1982 年为 2370 亿美元，到 2000 年约为 1 万亿美元，据福布斯杂志预测到 2020 年全球信息技术市场年

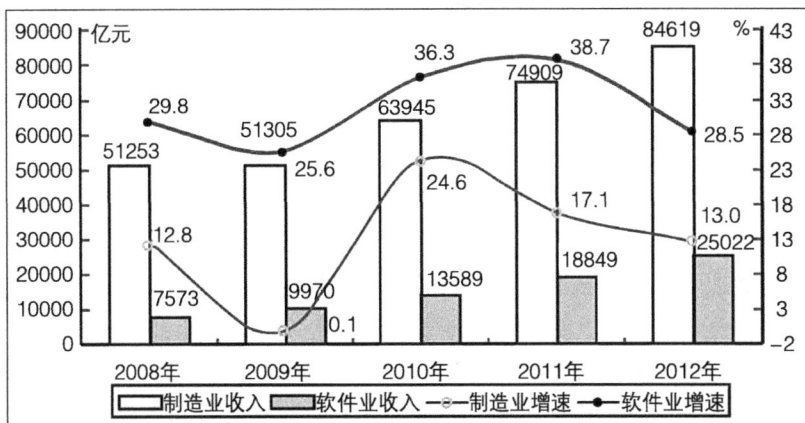

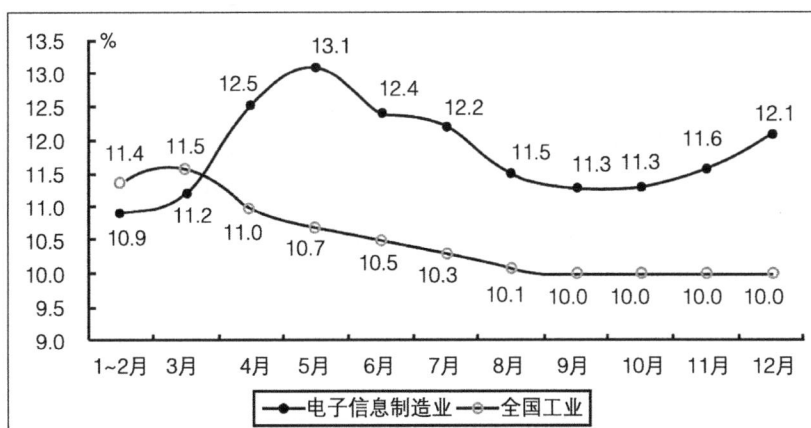

图3-3
我国电子信息产业发展
状况

产值将增长到 20 万亿美元，信息产业已成为世界第一大产业。在中国，信息服务业的历史已有 20 多年了，但其人员数量还不多，一些大城市咨询公司仅一两千家，人员不足万人，整个行业发展机会与潜力极大。

首先，巨大的国内市场潜在需求将拉动信息服务业在未来保持持续快速的发展势头。

（1）产业规模不断壮大，2012 年我国电子信息产业销售收入突破 10 万亿元大关，稳固占据世界第一的位置，达到 11 万亿元，增幅超过 15%，如图 3-3 所示。

（2）行业增速保持领先，2012 年我国规模以上电子信息制造业增加值增长 12.1%，高于同期工业平均水平 2.1 个百分点；收入、利润及税金增速分别高于工业平均水平 2.0、0.9 和 9.9 个百分点，在工业经济中的领先和支柱作用进一步凸显[1]，如图 3-3 所示。

其次，由于该行业的技术经济特点，一方面，传统的国内市场竞

---

[1] 中华人民共和国工业和信息化部，2012年电子信息产业统计公报。

争态势呈现寡头垄断的格局，通信运营企业有 7 家（中国电信、中国移动、中国卫星通信、中国联通、中国网通、中国吉通、铁通公司），这一市场格局将能使该行业保持较高的盈利水平。另一方面，在未来的发展中，随着人们的生活方式和需求的不断变化，信息服务业将发生结构性的变化，如固定电话业务比例下降、移动通信和数据通信消费比例上升等；同时，由于互联网技术的不断革新，诸如微信等跨界竞争者以全新的面貌和方式参与分享这个巨大的市场蛋糕，引发新一轮的行业竞争，乃至重构行业格局。

事实上，影响行业发展的因素有很多，比如：

（1）行业社会经济地位，是否属于社会经济发展的主导行业，以及可能获得的各种支持与机会，对于行业的选择与下一步工作的判断是非常重要的。

（2）行业技术特性，从行业技术发展趋势及前景、技术进步状况进行分析，以明晰进入行业竞争在关键性领域的准备。

（3）行业规模结构，观察行业规模结构处于垄断型还是均衡型，分析行业内大企业的经营思想、经营战略、产品特色、技术水平、竞争能力及市场占有率及其优劣势等因素，这对于制定顶层设计具有很好的参考意义。

（4）行业组织结构，应对行业内企业联合的状况进行分析，对联合与竞争的趋势进行估计和预测，以把握自我的竞争策略。

（5）行业市场结构与市场需求，从行业供求关系来看，基本上可以分为三类，即供不应求、供求平衡和供大于求。若供大于求，则企业间的竞争激烈，企业发生亏损的概率就高；若供小于求，则各企业产品都可以找到合适的市场，新企业会大量涌入本行业；同时，还应对行业市场需求分布状态、对行业用户需求和消费观念变动的频繁性进行分析。

（6）行业社会环境，行业发展应当注意对空气、森林、水源、地貌等自然环境的污染，这会对行业发展起到限制或引导作用。

对于企业决策者而言，行业发展的六个因素是相互联系、相互制约、相互变化的，如图 3-4 所示。因此，在分析行业发展变化时，必须抓住关键信息，以便能作出正确的反应和动作。

但是，上述行业发展分析更偏向一种技术性的经济分析，缺少社会政治背景、社会与文化趋势、消费者观念等对于行业发展的软性因素分析，由此，对于产品系统设计而言，在明晰行业发展主要因素的情况下，应结合产品开发设计技术的社会人文特性，开展基于行业系统的顶层设计思考，以利于产品创新最终取得成功。

因此，产品系统设计参考《创造突破性产品》所提 SET 因素分析

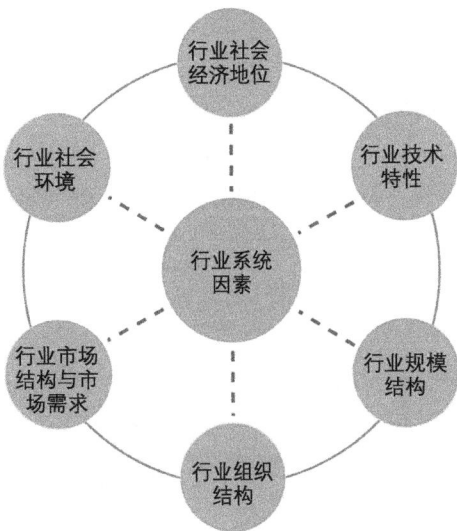

图3-4
行业发展因素关系图

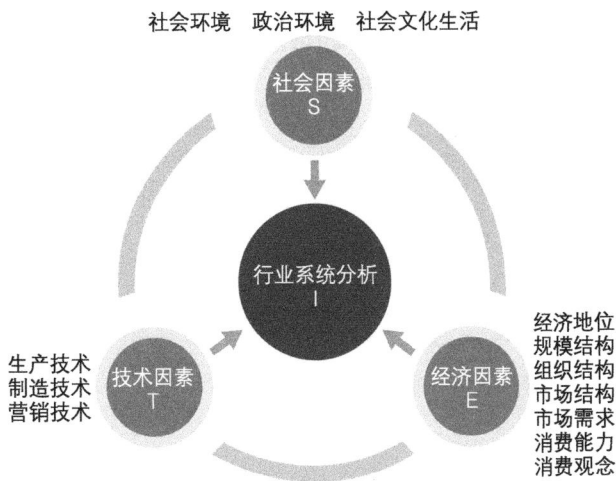

图3-5
基于行业系统的I-SET因素分析方法

方法，对上述行业发展因素进行归纳，把行业系统分析聚焦为三大主要方面：社会因素（包括政治环境、社会文化生活、社会环境等）、经济因素（包括经济地位、规模结构、组织结构、市场结构、市场需求、消费能力与消费观念等）、技术因素（包括生产技术、制造技术、营销技术等），形成基于行业系统（Industry system）的社会（Social）、经济（Economic）、技术（Technology）等因素的分析方法，简称"I-SET"；进而深入分析某一具体行业的发展状况，识别行业出现的新趋势、新机会，准确把握顶层设计决策，宏观指导产品设计出发点，如图3-5所示。

3.2.1 基于行业系统的社会因素

社会在现代意义上是指为了共同利益、价值观和目标的人的联盟。社会因素对行业发展产生影响，主要包括三个层面：首先是自然环境，包括天然形成的地理环境，为人类提供物质生存基础。其次是社会文化，包括价值、风俗、道德、法律、制度，以及社会舆论、生活方式等，为人类提供精神支撑。最后是政策因素，包括政治状况、法制建设、战略重点等。

对于行业的发展分析，在环境因素和政治因素相对稳定的情况下，尤其应注重的是人们生活习惯、价值观念的变化等情况。在当下的信息服务行业发展中，令人不容忽视的是腾讯带来的"微信速度"：2011年1月腾讯推出微信，20个月的时间，用户数突破2亿！如同当年改革开放中的广东深圳速度引发全国追逐一样，移动互联网时代的"微

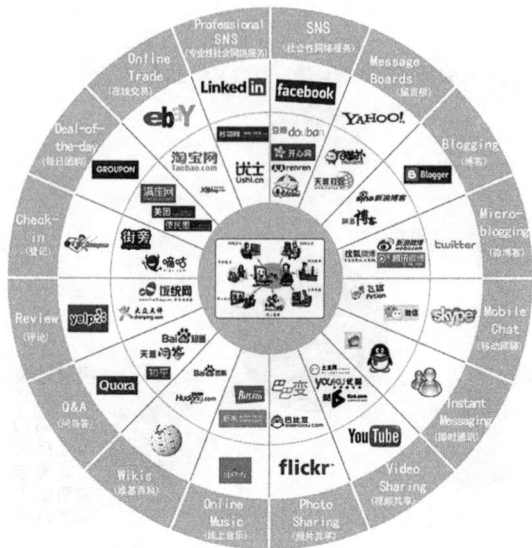

图3-6（左）
微信成功的社会背景
图3-7（右）
微信的移动社交功能要素

信速度"也正在成为行业性话题。

微信成功的原因是多方面的。第一，是对于社会生活潮流趋势的响应。这是信息时代下微信成功的整个社会性基础，互联网技术支持下的虚拟世界与现实世界交织的生活方式，借助手机等互联网终端载体产品，及其所提供的个人性、方便性、快捷性、大信息量等优势，人们已经开始习惯于通过网络沟通方式进行社交生活，如图3-6所示。

第二，得利于腾讯强大的社交网络平台。中国的互联网已经从新浪、搜狐、网易第一代三大门户网站发展到腾讯、百度、阿里巴巴第二代三大门户网站，腾讯拥有成熟的商业模式、庞大的多业务体系、极大的用户群，这对于微信的推广与传播作用是显而易见的。

第三，是面向生活的功能创新和用户体验。移动互联网时代，网络应用社交化已不可逆转，微信的生活创新将极大地吸引用户使用：仅占用上网流量的微信，可以发送语音留言、照片以及媒体信息；"查看附近的人"和"摇一摇"带来爆炸式的增长，产品每日新增用户以数十万量级增长；引入LBS社交功能，发布了"寻找附近好友"、"漂流瓶"，这两个与地理位置相关的功能将产品的适用范围从熟人推广到陌生人，也将手机的移动特性发挥到极致，如图3-7所示。

3.2.2 基于行业系统的经济因素

经济是整个社会的物质资料的生产和再生产的过程，包括社会物质生产、流通、交换等活动，可分为宏观经济和微观经济两个方面。宏观经济即国民经济总量，如国民生产总值、国内生产总值、国民收入、总投资、总消费、工业增加值、通货膨胀等；微观经济即企业和家庭等个体经济行为，如企业经济地位、规模结构、组织结构、市场结构、市场需求、消费能力与消费观念等。

例如，随着我国国民经济的不断增长，家庭收入的增多，人们的出行激发了对汽车的需求，汽车产业得到迅速增长；而私家车的快速增长，不仅满足了社会节奏加快的要求，而且带来了出行快捷、舒适、高效的生活，进一步推进了经济发展和繁荣。

再如，互联网行业淘宝网的发展变化。淘宝网成立于2003年5月10日，由阿里巴巴集团投资创办。当时，中国人对网上购物已不再陌生，电子商务巨头美国ebay在此时投资1.8亿美元接管易趣，实现了其进军中国市场的战略目标。而同期的淘宝网发展并不好，2004年前，互联网实验室电子商务网站CISI人气榜上，还没有淘宝网的位置。如图3-8所示。

根据中国国家统计局公布的2005年7月的消费增长率为12.7%，至此中国的消费增长率已经连续16个月增长速度超过12%，这是一个中国正式进入消费驱动型经济架构的时间节点。一位国家统计局副局长说：这意味着中国的消费存在着脱离投资周期而走出独立向上的稳定增长周期，其结果必然是中国的消费率存在快速提高的可能，消费在经济增长中的驱动力量将逐渐提高。

淘宝网的发展脉络与中国的宏观经济走向产生了微妙的重合。淘宝网的真正崛起是从2005年搭上中国消费快车开始的，同年，淘宝网超越ebay易趣，并且开始把竞争对手们远远抛在身后。在我国的经济结构调整目标是大力发展第三产业即服务业的同时，电子商务业迎来

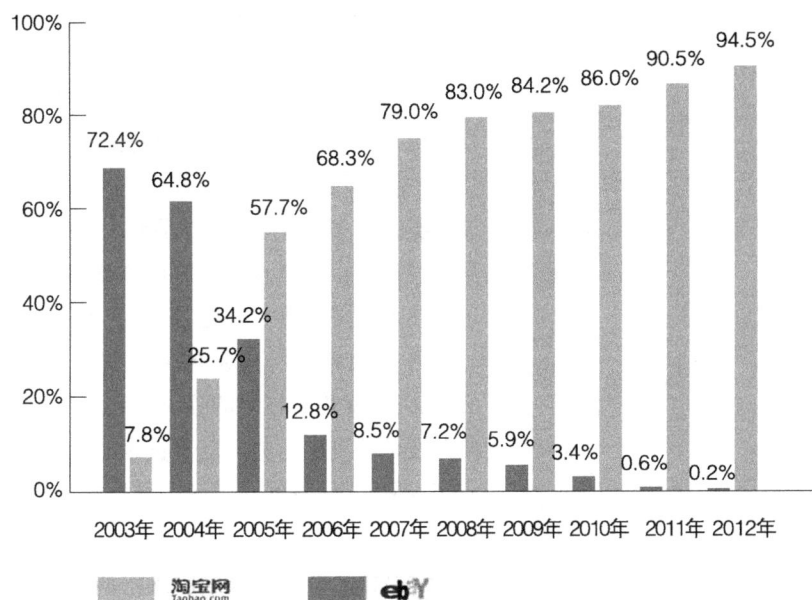

图3-8
淘宝与ebay市场份额比值

图3-9
淘宝产品系列

了发展的新机遇,如扩大内需的方针,提高居民消费能力,扩大居民消费需求等政策。淘宝网及时地推出了一次又一次令业界瞠目的行为与产品(图3-9),如因它而产生的"网购"这一新词汇,结合了"社区"、"帮派"、"江湖"等为用户设立的论坛来增加网购人群的黏性,在经营中不断挖掘最新的销售模式如团购、抢拍等,不断带动网络购物时尚,使网购成为老百姓从新鲜到熟悉再到习惯的生活方式。

淘宝网的成功是基于对经济活动的深刻了解,以及对人们消费方式改变的认识,极大地降低了买卖双方的交易成本,并建立了网络交易的信用平台,淘宝网带来了中国电子商务、企业网络营销、人们购物方式乃至零售业商业模式的一场新革命。财经作家吴晓波说:如果要想找一个企业来证明中国经济的内在萌生动力的话,淘宝网是最合适不过的样本。

3.2.3　基于行业系统的技术因素

技术就是人类为实现一定的目的,运用自然规律改造客观世界的知识、能力及所采用的物质手段。它既包括技术的主观方面,人本身的知识、经验、技巧和能力;也包括技术的物化形态,作为人的劳动器官的扩大和延伸的工具、机器、设备等一切物质手段。我们所熟知的技术包括通信、科研、医疗、军事等。技术类型众多,这里依照产品研发、生产、营销过程的相关技术内容进行分类,帮助理解技术的复杂性。如图3-10所示。

技术因素在行业发展中的关键作用日益突出,对先进技术的吸收与利用程度、新兴技术的接受能力,以及技术的自主创新等,都是产业发展必须高度重视的环节。新技术的产生往往会给行业带来全新的变化乃至革命,比如:互联网技术从诞生到

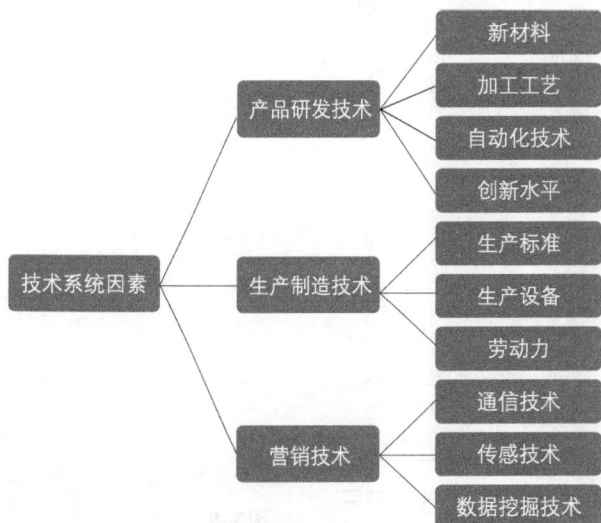

图3-10　技术系统因素

产品系统设计

发展的演变过程便是一个最为直接的例子，我们可以反过来思考，如果今天没有互联网，很难想象世界将会变成什么样子，相信绝大多数人也很难接受无网络的世界和生活。

技术因素在行业发展中的重要作用，也可以从 3D 打印技术对设计行业和医疗行业带来的变化略知一二。3D 打印技术是一种以数字模型文件为基础，运用粉末状金属或塑料等可粘合材料，通过逐层打印的方式来构造物体的技术。它无须机械加工或任何模具，就能直接从计算机图形数据中生成任何形状的零件，从而极大地缩短产品的研制周期，提高生产率和降低生产成本。3D 打印技术在设计行业和医疗行业中的应用在很大程度上改变了行业的发展模式。在设计行业，3D 打印技术改变了以往复杂且成本较高的模具制作过程，将设计思想快速地转化为具有一定功能的事物模型，缩短开发周期、降低开发费用，使行业的发展摆脱了传统的制作模式，提高了生产效率（图 3-11）。医疗行业对 3D 打印技术的需求更是具有超乎想象的作用，以医学影像数据为基础，利用 3D 打印技术制作人体器官模型，对外科手术或治疗均有极大的应用价值（图 3-12）。

再如，技术因素影响下的诺基亚兴衰史。诺基亚公司是一家主要从事生产移动通信产品的手机制造商，自 1996 年以来，连续 14 年占据全球市场份额第一，由于其一直固守塞班系统软件平台，当面对苹果公司于 2007 年推出的 iPhone 和 Google 公司推出的 Android 系统智能手机的夹击时，诺基亚全球手机销量第一的地位在 2011 年第二季

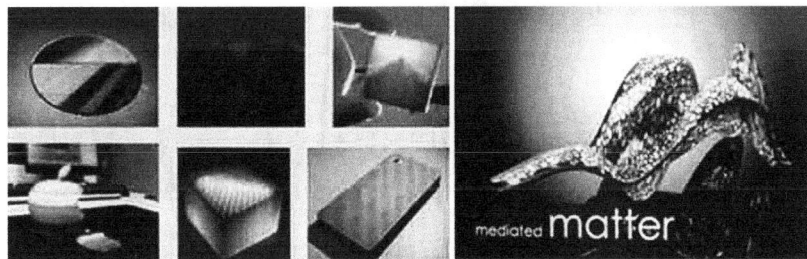

图3-11
3D打印技术在模具中的应用

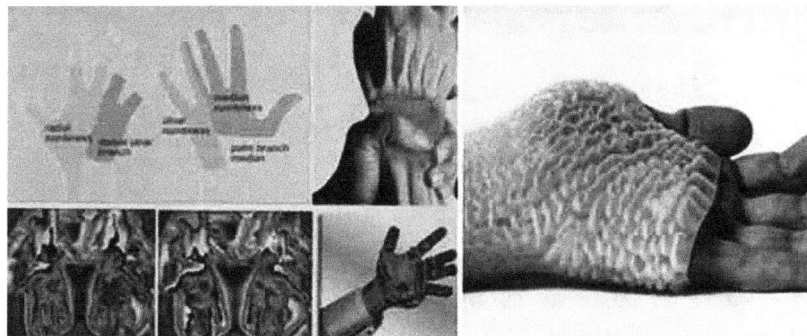

图3-12
3D打印技术在医学中的应用

被苹果及三星双双超越。诺基亚的衰落，最主要的原因应该是技术创新方面的失策。

面对技术的不断变化，在竞争对手已经采用新兴技术逐渐改变了消费者对于手机的新需求的情况下，诺基亚仍然固守己见，没有将新技术及时应用到新产品的开发中，这是致命伤：

（1）诺基亚在2004年就已经开发出先进的触控技术，但高管们却认为这一市场很小，担心售价高购买者少而放弃了触摸屏手机的开发；

（2）诺基亚在数码摄像、彩屏以及高速率数据传输方面落后于市场节拍，这并不是诺基亚技术实力的问题，而是诺基亚倾向于等到新技术成熟后从供货商那里进货，这个逻辑使得时尚的消费者无法接受；

（3）在IT行业技术的发展日新月异，在微电子、软件和激光三大技术的推动下，通信技术加快了模拟向数字、低速到高速、单一语言媒体到多媒体的转变，而诺基亚却没有很好地意识到这一点，未能提供一个开发的系统平台，这也是它技术发展的瓶颈。

诺基亚的高层着眼点基本都放在硬件部门，不重视软件的研发，在手机普及的今天消费者越来越重视手机的功能和应用感受，诺基亚的新产品在技术革新上变化不大，更多的是在改变外壳。网络生态系统的发展速度，远远超过了诺基亚的想象。诺基亚在2G时代稳固的地位，使其在智能手机开发上犹豫不决，在诺基亚看来，手机的主要用途就是通话，却没有意识到用户对利用手机查看电子邮件、寻找餐馆并更新Twitter信息等的需求在日益增长。如图3-13所示。

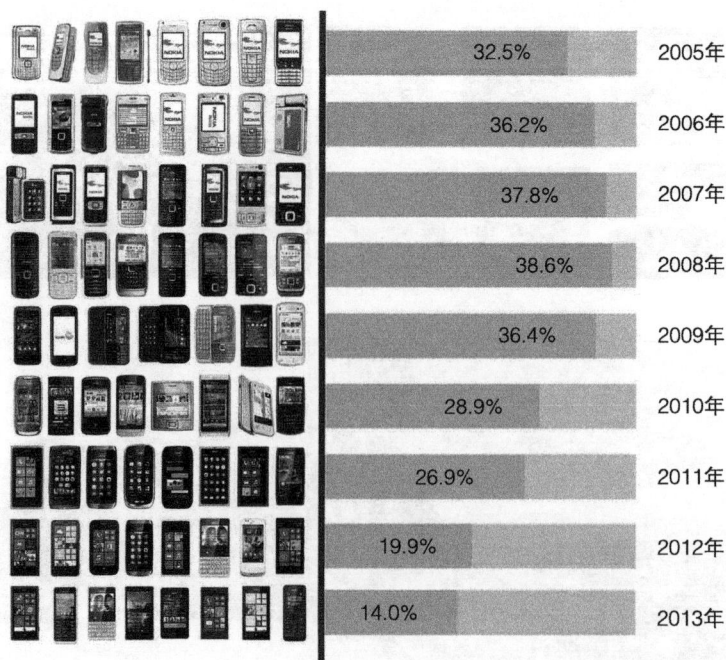

32.5%	2005年
36.2%	2006年
37.8%	2007年
38.6%	2008年
36.4%	2009年
28.9%	2010年
26.9%	2011年
19.9%	2012年
14.0%	2013年

图3-13
诺基亚发展历程

今天，诺基亚能否借助微软重返市场领导地位，还是一个大问号。但我们可以肯定的是对技术生态的关注以及技术趋势的把握，是行业发展分析至关重要的一环。

3.3　顶层设计决策及案例

行业顶层设计决策就是通过对影响行业的社会、经济、技术因素进行定性分析，从宏观与长期角度综合归纳，对整个行业系统发展前景作出一个整体的判断，参见上文所述 I-SET 因素分析图。行业顶层设计决策包括两大部分内容：一部分是社会、经济、技术因素对行业发展现状与问题的总结；另一部分是在此基础上推导出的纲领性、长期性、背景性的顶层设计决策。

顶层设计决策是一种应用系统论思想，体现了系统设计的层次性。行业顶层设计是自上而下的设计方法，即由行业到企业再到项目，逐步展开调查与设计定位的方法。因此，行业顶层设计决策影响底层的企业生产经营与具体的设计项目，产品设计核心理念反映行业顶层设计决策。

比如，家具行业是我国一个典型的传统行业，在这里通过 I-SET 因素分析法，对其行业背景趋势进行分析，以形成该行业的顶层设计决策。由于家具行业属于劳动密集型、资源密集型产业，我国在劳动力成本和原材料成本上的优势逐步显现，目前我国是全球家具行业的制造中心。2005 年，中国超越意大利成为全球家具出口最多的国家，我国家具出口 137.67 亿美元，远高于第二大家具出口国意大利的 108.97 亿美元和第三大家具出口国德国的 61.95 亿美元。我国家具产业集群已经形成，国内主要分为华南、华北、华东及西南四大家具生产板块。其中，华南珠江三角洲地区，是我国现代家具发源地，家具产值占全国的 40%，形成了产业集群的规模和专业分工优势。但是，随着社会因素、经济因素、技术因素的不断变化，我国家具行业正处于产业战略转型的关键时期。

社会因素对家具行业的影响：

（1）大众对绿色、环保的意识普遍增强，要求家具健康、环保。

（2）我国采取的扩大内需，促进经济增长的政策，将刺激国内家具市场需求的增长。

（3）我国房地产发展迅速，大众居住水平提升，居民日常耐用的消费品由"实用型"向"享受型"方向发展，对高级家具的需求增加。

（4）我国人口结构变化巨大，需要不同类型、不同功能的家具，以满足不同的生活方式（图 3-14 ）。

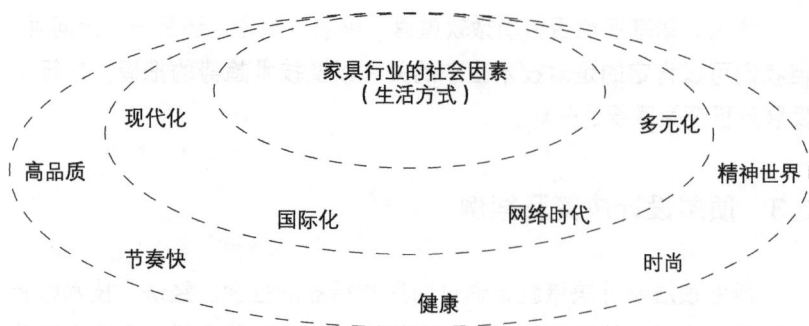

图3-14
家具行业的社会因素

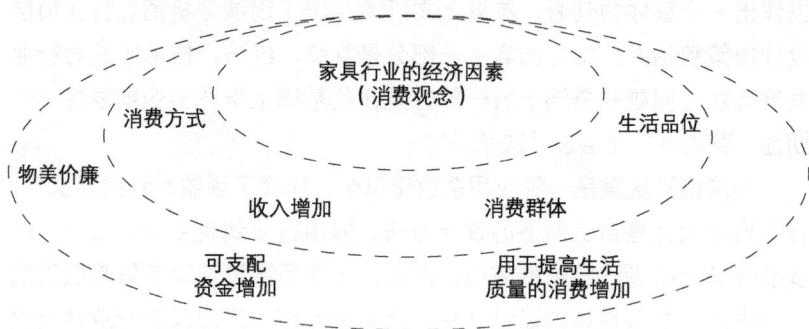

图3-15
家具行业的经济因素

经济因素对家具行业的影响：

（1）我国家具行业所依赖的低廉的劳动力成本和原材料成本的优势正在受到冲击，整个行业面临转型升级。

（2）消费者可支配自有资金的增加，对生活品质的追求，产品标准的提高，对产品品牌形成新的诉求，新的消费方式不断出现（图3-15）。我国家具行业品牌虽众多，但具有较高品牌价值和自主知识产权的却相对较少。

（3）我国地理环境复杂，经济发展不平衡，沿海地区发展较快，内陆地区发展较慢。家具行业分布不均、发展程度不同，不同地区、不同层次的消费者对家具的需求存在着差异性，发展具有地域特色的家具行业品牌有巨大的市场潜力。

技术因素对家具行业的影响：

（1）传统家具行业以手工业的生产技术为基础，而现代家具行业零部件的设计向着标准化、规范化、通用化和专业化方向发展，生产方式向着机械化、自动化、专业化和协作化的现代工业化方向发展。

（2）我国家具行业尚未完全脱离仿制加工的生产模式，不重视技术创新，材料、结构、功能、加工方法落后，而新材料、新技术和新设备的广泛使用，使得家具产品的结构形式、加工工艺、装饰方法得以改进（图3-16）。

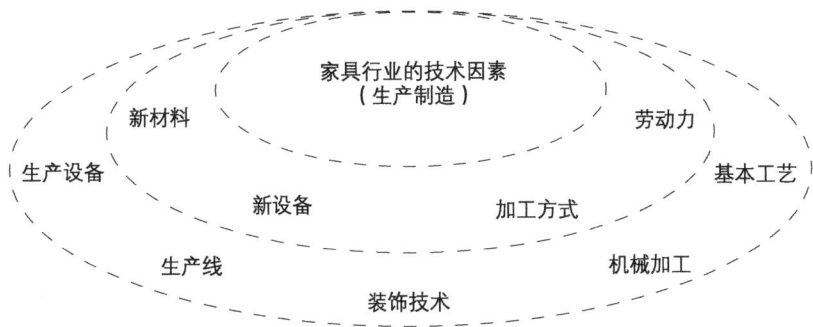

图3-16
家具行业的技术因素

（3）我国家具行业缺乏创新力。原创设计及原创独特风格稀缺，用于品牌创新与设计的资金投入少，停留在"物美价廉"阶段，产品缺少附加价值。

（4）互联网带来的网购模式，促进了家具行业营销方式的转变；大规模定制技术的兴起，推动了家具行业服务能力的提升。

通过社会、经济、技术对家具行业进行分析，推导我国的家具制造业顶层设计指向：行业整体将从劳动密集型和资源密集型向资金和技术密集型转移，我国家具行业须强化品牌建设，面对新形势、新环境下消费者的新需求，注重工业化、信息化、绿色环保、产业集聚、创新设计、大规模定制等方面的发展，通过新制造下的管理和营销模式，实现家具行业的新突破，如图3-17所示。

再如，星巴克咖啡是另外一个有趣的案例。星巴克（Starbucks）咖啡公司成立于1971年，诞生于美国西雅图，靠咖啡豆起家，自1987年霍华德·舒尔茨（Howard Schultz）接手公司以来，从来个打

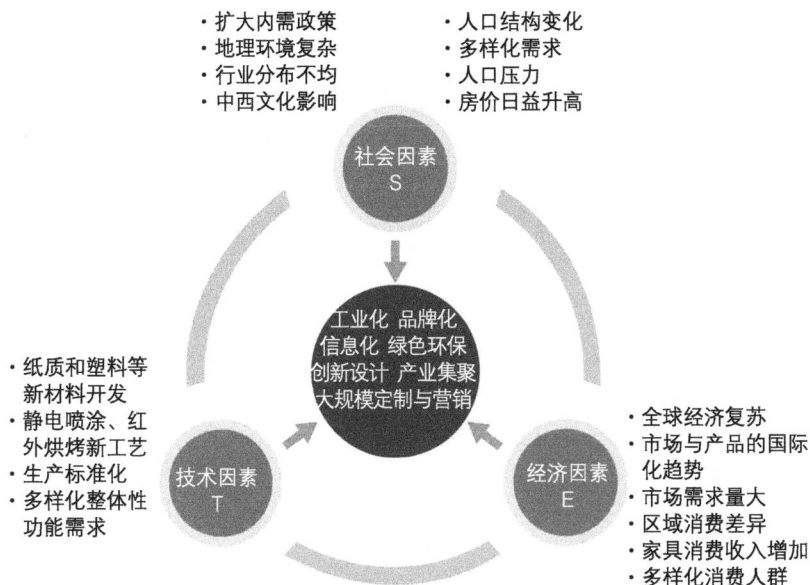

图3-17
家具行业系统的I-SET因素分析

广告，却在近 20 年的时间里一跃成为巨型连锁咖啡集团，其飞速发展的传奇让全球瞩目。

作为微软公司总部所在地的西雅图是一个繁荣的信息中心，也是一个颇为富裕的城市。大多数美国人都喜欢喝咖啡提神，以保持旺盛的精力，西雅图人也不例外。在星巴克之前，美国和欧洲的人们习惯于在家里和办公室煮咖啡，城市中的咖啡馆也只是以自发分布式的增长方式在发展。在这里，让我们站在 I-SET 因素分析法的角度，来观察星巴克咖啡的发展：从社会因素来看，以西雅图为代表的美国人在社会生活中缺失了一种城市文化与咖啡生活，这是在城市工作、生活的人们的日常需求；从经济因素来看，整体城市的咖啡店规模、数量均过少，零散而无组织的咖啡店显然不能满足市场需求，而有消费能力的西雅图人完全可以接受合适价钱的高品质休闲咖啡生活；从技术因素来看，星巴克具有良好的烘焙和煮制咖啡技术，以及为用户和雇员所提供的整体环境与系统化设计。如图 3-18 所示。

在社会、经济、技术等因素的影响下，星巴克应运而生，提出了独特的系统营销模式，以及从咖啡豆、煮制咖啡到喝咖啡的体验文化，将喝咖啡变成一种生活方式，形成了一种城市时尚潮流。不同地区的星巴克咖啡杯都会体现出当地独特的地域风情，给各地区消费者带来亲切感。星巴克作为一家咖啡店，致力于抢占人们的第三滞留空间，现场钢琴演奏、欧美经典音乐背景、流行时尚报刊杂志等配套设施，让消费者将喝咖啡变成一种生活体验，让喝咖啡的人感觉很时尚、很文化，这就是星巴克所带来的"体验文化"，也是其企业价值。同时，星巴克的关键技术——咖啡机器，及咖啡厅使用的特

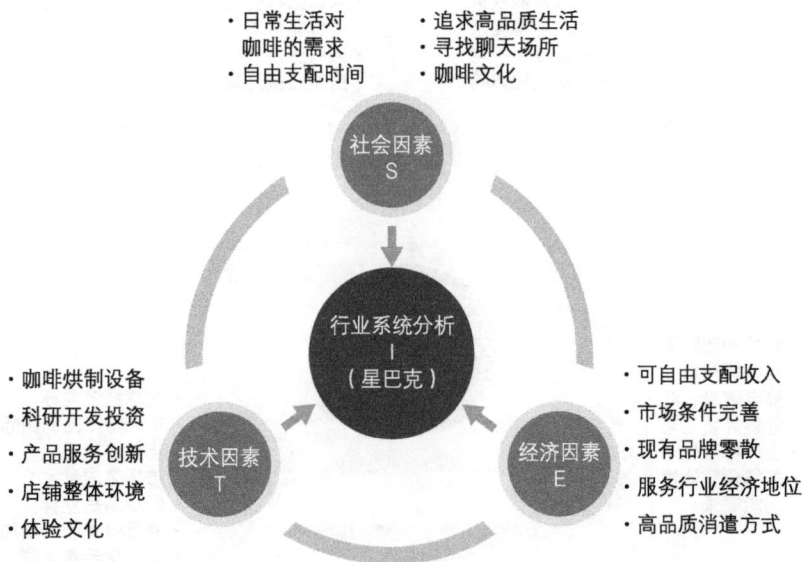

- 日常生活对咖啡的需求
- 自由支配时间

- 追求高品质生活
- 寻找聊天场所
- 咖啡文化

社会因素
S

行业系统分析
I
（星巴克）

- 咖啡烘制设备
- 科研开发投资
- 产品服务创新
- 店铺整体环境
- 体验文化

技术因素
T

经济因素
E

- 可自由支配收入
- 市场条件完善
- 现有品牌零散
- 服务行业经济地位
- 高品质消遣方式

图3-18
基于行业系统的星巴克
I-SET因素分析

产品系统设计

图3-19
星巴克独特的体验文化

殊水过滤器和高级咖啡烘制设备，都给其带来了很多产品和服务的创新。如图 3-19 所示。

　　综上所述，通过对星巴克 I-SET 因素的分析，可以看到星巴克顶层设计决策是将咖啡、店员以及人们购买和饮用咖啡时所体验的经历都看成是自己的产品，为顾客创造价值，使用户获得积极的消费体验，从而建立人们对品牌的信任和忠诚。基于这一顶层设计决策，星巴克的企业文化和企业运营都在此基础上有条不紊地进行着，使其逐步成为全球咖啡行业的典范。

作业安排

1. 举一个成功或失败的行业顶层设计决策案例。

2. 站在某一企业的角度，运用 I-SET 因素分析方法，提出顶层设计决策。

4

第四章　企业系统与设计战略

【本章内容摘要】

为了构建产品设计战略，通过对企业系统中的文化、市场、开发资源以及产品服务因素进行分析归纳，指明企业产品设计开发的宏观方向，为推动企业系统化创新奠定基础。本章对行业系统之下的企业系统进行概述，在描述新产品开发特征的基础上，对企业设计战略的各个因素进行阐述。本章重点在企业设计战略的制订分析。

4.1　企业与新产品开发

4.1.1　企业基本概念

当我们为一家企业服务，着手进行某个产品的外观改良、原型设计、广告包装的时候，"量体裁衣"是必不可少的。因此，如何科学、全面地理解企业系统，就是进入设计项目的前提。企业作为设计服务的主体，其自身在追求目标、运作机制、资源结构、组织管理方面呈现的特征，都直接影响着设计方向的取舍。我们可以不夸张地认为，对企业本质把握得越到位，就越接近设计的成功。

如果从运作模式和组织流程方面看，企业是指以盈利为目的，运用各种生产要素（土地、劳动力、资本、技术和企业家才能等），向市场提供商品或服务，实行自主经营、自负盈亏、独立核算的具有法人资格的社会经济组织。❶

管理大师德鲁克给出了关于企业直截了当的答案：创造顾客是企业的目的。我们可以在系统论中为这个答案找到解释。企业是市场系统的构成要素，所以应在企业之外的市场这个大系统中寻找企业存在、经营的价值。在由供求关系构成的市场中，顾客愿意付钱购买商品，是市场将经济资源转化为财富的必要环节。从这个角度出发，顾客就可以看做企业存活的基石，而满足顾客的需求则成为

---

❶ 周耀烈.现代管理基础［M］.杭州：浙江大学出版社，2003：20.

企业存在的价值。

由于企业的目的是创造顾客,企业的两项基本功能:营销和创新,就成为必不可少的构成因素。一方面,营销活动一般通过对市场、顾客进行研究、分析、定位等方法,帮助企业理解市场,提升产品竞争力,满足顾客的需求。这就要求设计师拿起铅笔在设计构思之前,就对市场中的顾客有所了解,可以预想到未来产品设计的趋势,吸引顾客的关键点在何处。

另一方面,企业是社会进步、经济成长的基本动力,这一点离不开企业的创新功能。企业通过创新向市场提供更多、更好的商品和服务,为顾客带来更多的价值。这里的创新具有广阔的含义,不仅包括我们所熟知的工程、研发部门主导的新产品开发,而且包括销售、制造、会计、人力资源等常规业务部门下的任何改进。

小米科技是一家专注于高端智能手机自主研发的企业。通过小米的成长轨迹,我们可以对企业的本质有所认识。小米营销有力,公司口号"为发烧而生"是企业的市场定位,小米认为一大部分用户群体热衷于使用智能手机,但对目前市面上智能手机的价位望而却步,毫无疑问这是一个广泛存在的群体。于是小米将全球最顶尖的移动终端技术与元器件运用到产品(图4-1)上,同时产品价格也定在2000元左右,其超高的性价比吸引了无数的发烧友用户。

小米注重研发。小米公司除了手机之外,其自主研发的基于Android深度开发的MIUI(图4-2)操作系统是公司的核心产品,更是小米公司的创新灵魂所在。在传统手机行业中,大家的共识是手机的系统基本不进行更换,就算要更换也是由企业潜心调研开发,每半年或者一年进行升级,而小米的MIUI自从发布之后就坚持每周更新一个版本,并且小米公司首创了互联网模式开发手机操作系统,200万发烧友参与到系统的改良开发中。

图4-1 小米手机

图4-2 MIUI互联网模式操作系统

4.1.2　新产品开发

企业是一个复杂经济组织系统。从结构上看，企业大致由五个主要子系统构成：行政管理系统、资金管理系统、技术研发系统、生产制造系统、销售系统。企业要持续发展，离不开行政管理的高端决策、高效的资金运营、持续积累的核心技术、先进的生产装备、广泛便捷的销售网络。然而，作为以创造顾客为最终目标的企业，输出产品始终作为企业价值的典型代表，放在其核心的位置。如何创造出令人满意的新产品，保持企业的竞争优势，这就离不开新产品开发活动。新产品对企业发展有以下重要意义：

促进企业的成长。一款新产品从上市开始就要经历形成、成长、成熟、衰退的过程，企业的利润随之在不断下滑。据美国《研究与管理》杂志 1980 年统计，大多数公司销售额和利润的 30%~40% 来自 5 年前还不属于本企业产品范围的那些新产品，新产品已经在企业成长方面起了重要作用。

对竞争与顾客需求作出反应。开发新产品可以维护企业的市场地位。最先向市场投放某项新产品的企业总是少数一两家，同行企业往往要对此作出反应。另一方面，当消费者需求发生变化或者环境条件改变时，预示着企业的现有产品已出现衰退，企业必须在此之前寻找可代替的产品。

促进企业技术的革新。伴随着新产品投产，相应的新材料、新工艺等技术手段的应用，可以提高产品性能，充分利用企业生产设备。更为重要的是，新产品开发可以激励企业人员革新精神，培养更高的创造力。

企业新产品开发具有高投入、高风险两方面的特点：

新产品开发投入巨大。据研究报道，在资金方面，欧美日等国家的大企业的科研投入约占了销售额的 5%~8%，飞利浦公司每年投入的科研经费为企业年净销售额的 6.5%。日立公司每年的研究开发经费超过 2300 亿日元，约占公司销售总额的 9% 左右。此外，由于人才是新产品开发的根本，投资人才培养和吸引也是长期、巨大的。据统计，美国 100 家最大工业企业用于科技人员知识更新、拓宽的经费每年增长幅度都在 25% 以上。

新产品开发存在高风险。新产品从研究开发到生产和销售是一个充满风险的过程，国外的一项调查显示，新产品开发的成功率：消费品为 40%，工业产品仅为 20%，服务类产品为 18%，而对国外 700 多个工业企业的调查显示，新产品开发的综合成功率仅为 65%。市场需求变化快，竞争对手抢先进入市场，产品技术研发跟不上科学发展速度，过分重技术轻市场，对市场不利因素估计不足等众多原因，都会使新产品功亏一篑。如表 4-1 所示。

营销失败	·潜在的市场规模很小 ·没有明显的产品差异性 ·差劲的产品定位 ·误解了顾客的需要	20 世纪 90 年代末，保洁公司在中国推出洗发水自创品牌润研，过分地细分市场和过高的定价使得它失去了竞争力，最终导致产品失败	
财务失败	·低投资的回报	Google Wave 是 "一种个人通信和协作工具"。它基于 Web 的服务、计算机平台和通信协议，旨在合并电子邮件、即时通信、wiki 和社交网络，由于缺乏推广和投资，最终被关闭	
时机失败	·上市时间晚 ·上市时间太早，市场尚未得到开发	2006 年 9 月 12 日，苹果公司的 Apple TV 在美国旧金山的特别大会上首次发布。而当时智能电视市场尚未得到充分开发	
技术失败	·产品没有发生作用 ·设计失败	HP 于 2010 年推出 HP Slate 平板电脑，以此回应 Apple iPad 的上市，HP Slate 的电池续航能力因为搭载 Windows 7 而大打折扣，只有 iPad 的一半左右；而且成本比 iPad 高出一大截，消费者更愿意选择 iPad	
组织失败	·组织文化的不适应 ·缺少组织支持	ebay 是国际著名的电子商务网站，2003 年通过收购易趣网进军中国市场，ebay 由于不了解中国本地化特色只是简单照搬 z 在国际上的运营模式，最终在中国市场上输给阿里巴巴	
政策失败	·政府管制 ·宏观经济因素	谷歌作为全球第一大搜索引擎，2009 年谷歌先后经历了牌照门、偷税门、搜狗门、涉黄门等波折。2010 年年初，谷歌服务器搬至香港后，内地用户量大减，广告主下调了投放意愿，谷歌逐渐收缩内地企业的国内营销业务	

　　新产品开发活动，既蕴涵着获得丰富盈利回报、夺取市场领先优势的可能，也存在着研发失败、投资成本无法收回的巨大风险。因此，为了提高新产品开发的成功率，企业必须充分考虑内外部情况的变化，制订适应市场的企业新产品开发宗旨、愿景和战略，以规划、指导和协调企业的发展方向。

4.2　企业设计战略系统

　　企业作为一种社会经济组织，要实现资源的最优化配置，就必须有一套行之有效的战略。企业今天的战略决策，决定明天的成果。企业中每个重大发展战略，都需要经过精心的筹划、发展，才能有真正

图4-3
三星集团

的产出。特别是对于存在高风险的新产品开发，必须有效、合理地调动企业内外的各方资源，才能保障设计项目的完成。

三星集团是韩国的第一大企业，同时也是一个跨国的企业集团，位于美国《财富》杂志评选的世界500强企业之列。三星能取得成功并非偶然，我们可以分析一下该公司主要阶段的发展战略，如图4-3所示。

·自主创新。在1993年三星还默默无闻的时候，三星认为伟大的设计可能会使三星公司从一个无名小卒一举跻身世界顶级品牌之列。在三星创新设计战略下，公司通过多种途径提升自己的设计能力，如与IDEO公司及其他顶级咨询公司进行的众多合作；建立三星创新设计实验室（IDS）；将公司的设计人员派往国外，让他们在时装商店、化妆品专业公司或设计咨询机构待上数月，以便跟上其他行业的发展潮流。过去5年，三星获得了18个行业设计奖，仅2004年就从《商业周刊》和IDSA获得5项。自从2000年以来，三星公司在美国、欧洲和亚洲的各项顶级设计大赛中一共荣获了100项大奖。

·品牌战略。1999年，三星电子作出重大战略调整，把品牌塑造列为公司战略的重中之重，确立了以数字技术为中心，经营核心转向自有品牌的发展方向。三星卓越的品牌战略管理基于成功构筑了"技术领先、时尚简约、高档高价值、数码e化"的产品识别，无论是三星手机、数字电视、显示器，还是MP3、笔记本电脑、投影仪，无一不体现出"设计时尚简约、气质尊贵高雅、功能强大先进、操作简单方便"的特色，无一不体现出领袖群伦的卓越品质，无一不体现出业内领先、无人企及的高价值、高档次，无一不体现出年轻时尚、引领潮流、事业有成的产品使用者形象。

·本地化战略。作为三星最重要的市场——中国市场，三星成功地实施本地化战略。中韩两国的文化背景和价值观念很相似，有许多相同的东西。近年来，三星在中国设立了各种模式的研发中心和生产工厂，制定了本土化经营理念：以最好的产品和服务，为提高中国人民的生活水平提供便利，与中国经济共同成长，三星将成为受中国人民欢迎的企业。

对于系统设计课程而言，我们重点关注企业发展战略中下属之一的"设计战略"。在这里主要通过两方面的途径作全面了解：一方面，通过了解企业发展的宗旨、愿景，宏观把握企业发展的战略。企业战略一般都表现为概括性与预见性，仅这方面的信息还不足以支持设计活动。另一方面，需要通过了解企业内外部各个方面的状况，总结归纳为可操作的设计战略。在充分掌握前一章行业背景趋势的前提下，我们主要关注企业内部系统。这里企业设计战略系统的构成元素主要包括企业文化、市场、研发资源、产品与服务四方面。如图4-4所示。

企业设计战略系统中，我们通过了解企业以往在文化、市场、开发资源、产品与服务方面形成的基本状况，综合推导出设计战略。其中，企业文化是设计战略发展的隐形基因，决定着产品设计的意识形态。企业市场是战略发展的目的，决定着获得利润的源泉。企业开发资源是设计战略的物质基础，人员、资金、设备等方面资源影响着战略的可执行程度。而企业产品与服务则是战略的最终输出，产品设计的一致性、系统性、创新性是维持企业市场地位的基础。

图4-4
企业设计战略系统构成

4.2.1 企业文化

企业文化是由企业的价值观、信念、仪式、符号、处事方式等组成的特有的文化形象。[1] 企业为了满足其自身运作的要求，必须有共同的目的、理想、行为以及与其相适应的机构制度，而企业文化的任务就是努力创造共同的价值观以及行为准则。企业文化在企业长期实践过程中，形成并且受到企业成员的普遍认可和遵循，它是特定的价值观念、团体意识、行为规范的总和。企业文化可以看做设计战略发展的隐形基因，对企业有着导向、约束、凝聚和激励作用。通过对企业文化的分析，可以明确设计战略的基调。

企业文化由多种要素构成，从结构上分析，文化要素分为表层文化、中层文化、深层文化；而从表现形态上则可以分为物化文化、制度文化、管理文化、生活文化和观念文化，如图 4-5 所示。

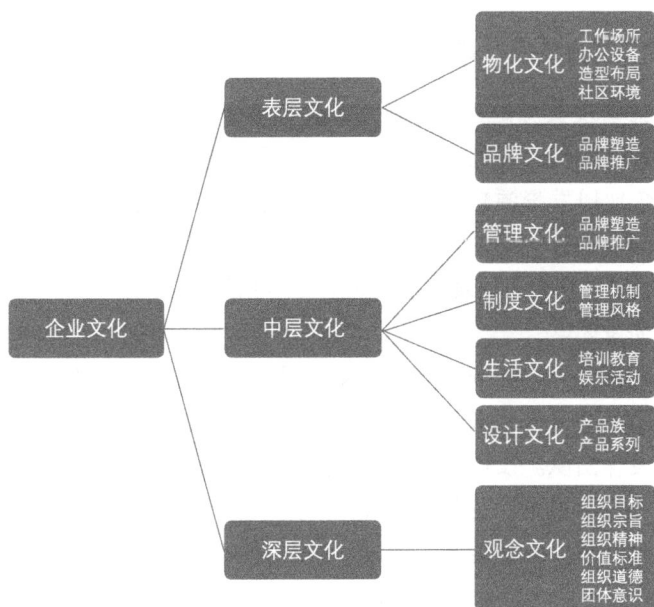

图4-5
企业文化

---

[1] 张觉敏.浅谈企业文化［J］.江苏丝绸，2012（3）.

图4-6
谷歌企业文化充分尊重个性发展

图4-7
谷歌眼镜反映了谷歌的企业文化

以谷歌公司为例，我们可以分别去解读三层文化结构：从表层层面上，谷歌利用办公条件、工作场所等要素给员工营造出一个非常轻松的工作环境。在北加利福尼亚，四幢大厦的谷歌总部中，有玩具、宠物、免费午餐、零食等。员工还有 20% 的时间被要求用来做各种运动。从中层文化上,谷歌的工作制度要求每一个员工拥有自主创新能力，有自己的项目，发挥自身价值。谷歌公司里有数不清的"项目经理"，但必须自己找活干。因为谷歌的员工被要求将 20% 的时间用于自己找项目，另外还有 20% 的时间用于面试求职者。再从深层文化看，综合物质层面和制度层面，谷歌实质上是营造出一种尊重每一个个体的价值文化，打破了金字塔式的传统结构，追求个性解放的氛围，如图 4-6 所示。

谷歌企业文化将工程师个人对于科学方法的热爱和网络的快速开发相融合，就像是短期科学试验的集合体。例如谷歌眼镜（图 4-7），它在技术上和体验上给用户带来新的感受，人们看到了未来科技的曙光。

4.2.2　企业研发资源

企业研发资源是指企业投入在新产品开发活动上的人力、财力、物力等各种物质要素的总称。企业开发资源同样也是设计战略的物质基础。企业研发资源是衡量企业发展战略可执行程度的重要标准，是建立切实可操作战略的前提和基础。企业研发资源主要构成包括：研发团队、研发资金与研发设备，如图 4-8 所示。

1. 研发团队

研发团队可以根据新产品开发流程分为：前期调研团队、产品设计开发团队、生产制造转化团队、市场推广团队等。这里我们主要关注的是设计团队。设计团队由团队负责人组建，一般会根据设计任务的性质，招募相关专业背景的人员。整个设计团队要形成一加一大于二的合作效益，团队负责人应该了解专业和领域之间的差异，尊重背景不同的成员，找到有效的协调机制来处理问题。

微软的 Sharepoint team service 是一个团队 web 站点解决方案。其项目设计团队包括以下组成人员及各自职责：

产品系统设计

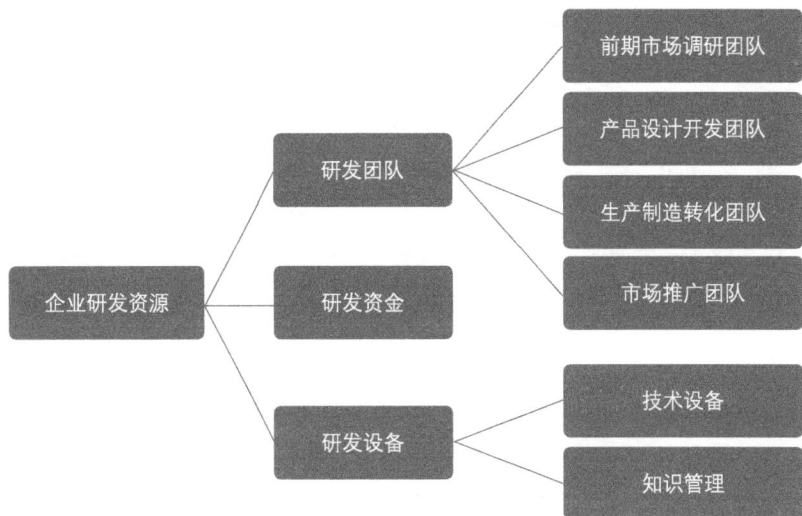

图4-8
企业研发资源

项目经理：按时出品合适的高质量产品，确保产品本身符合市场需求和微软本身业务需求，在产品开发过程中提供领导力，带动设计团队之间以及和公司其他部门的交流。开发人员：设计算法和数据结构，给产品规格说明书提供反馈，最终写出高质量软件。测试人员：系统地监测和评估项目各方面的指标，独立验证产品特征与性能，确保与设计标准相符。可用性工程师：在产品领域进行调研，对产品进行可用性测试，理解用户任务范畴，使产品更好使用。本地化工程师：为特定的国际市场翻译、改编产品，在国际市场上推出符合地缘政治以及地区文化标准的产品。

2. 研发资金

研发资金是保障项目能够有效运作的基础。而新产品开发一般需要资金的大量投入，必须列入企业的年度财务预算。在欧美发达国家中，企业每年的科研经费达到了利润的 5%~8%。据统计，2011 年，我国规模以上工业企业研发（R&D）经费支出为 5994 亿元，仅占主营业务收入的 0.71%。与发达国家有不小的差距。国内一些大型企业十分重视新产品开发，比如一汽、宝钢、海尔等，这些企业用于研发的资金，一般要占到年销售收入的 5%~7% 以上。具体到一个企业用于研发的资金数量，涉及企业的商业机密。但我们在市场上看到某企业不断有新产品上市的现象，就可以判断这个企业在研发方面投入了大量资金。

3. 研发设备

研发设备主要是指新产品开发过程中所使用的固定资产，除一般企业的车间、机器等基础设备外，主要是用于研发试制的新设备。对研发团队来讲，还需要有 3D 打印机、精雕机等快速成型设备。对于中小型企业而言，研发设备一般采用外包的形式来节约成本。此外，随

图4-9
浙江吉利汽车研究院

着知识经济的到来，知识作为研发的重要资源需要进一步有效管理。因此，研发设备还应包括各类知识管理，通过将市场竞争信息、研发过程信息、核心技术信息有效地分享、重用，提高企业研发的内在实力。

　　研发资源管理的例子：浙江吉利汽车研究院（图4-9），位于杭州萧山临江工业园区。吉利汽车研究院大力推进汽车研发知识积累和知识固化，培育企业研发核心软实力。主要措施是：首先，建立健全技术标准体系，不断积累技术标准，搭建标准查询信息平台。经过8年的运行和总结，于2011年在《企业标准体系　技术标准体系》（GB/T 15497—2003）的基础上，对原体系进行优化，形成新版技术标准体系表。其次，建设设计参考数据库，让各专业部门数据得以积累和共享。研究院最开始于2007年建立了精品数据库、材料数据库等，并历时5年时间，建立了包含汽车在内的18个专业领域的数据库系统。超过10万多份技术资料。再次，建立案例共享库，为后续研发工作提供前车之鉴。工程师或专题组将在设计实践中总结出的典型经验、有益的收获或者典型的错误、挫折、教训编写成标准格式的案例报告，经过相关专家审核后，上传到案例共享库，供设计人员参考、借鉴，用失误和弯路来警示新人避免犯同样的错误。最后，编撰《吉利汽车技术手册》，积累、沉淀吉利十多年研发的宝贵经验和核心知识。经研究院各部门众多专家、工程师不懈的努力，总结十余年汽车研发设计经验，编撰完成的《吉利汽车技术手册》全套共计21册24本，4460余页，约174万字。为研究院形成长期有效的知识沉淀提供了保障，成为吉利构建"百年老店"的重要基石。这些技术手册印刷并下发到各部门后，成了各部门设计师手头参考和学习的重要资料。

4.2.3　企业市场

　　企业市场是对企业与顾客之间交易行为的总称，一群具有相同需求的潜在顾客，他们愿意以一定数量的货币同企业交换商品或服务，这样就形成了市场。企业市场是设计战略发展的目的，决定着企业获

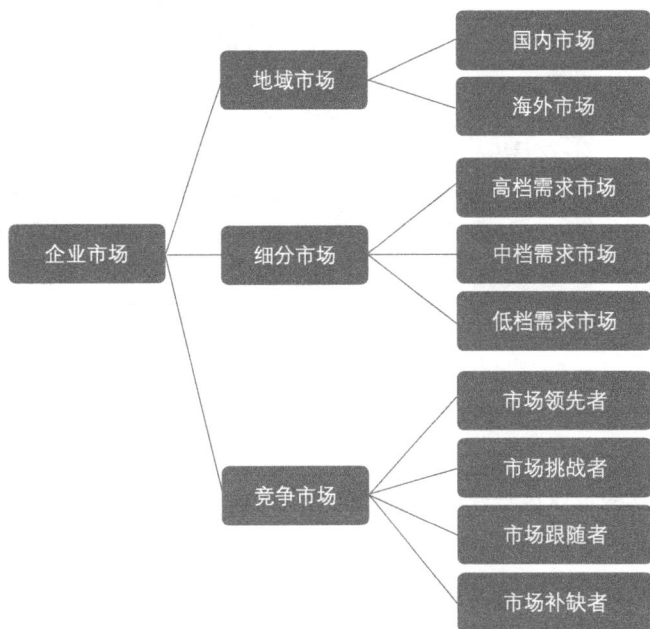

图4-10
企业市场

得利润的各种可能。通过对企业市场进行全方位的分析，有助于针对顾客制定需求明确的设计战略。企业市场主要考虑地域、需求层次以及竞争三个方面的因素，如图4-10所示。

地域市场，是在交易场所概念上的演化，指基于地理空间的市场划分，它可以帮助我们迅速地了解到一个企业的扩张程度。地域市场一般划分为国内市场、海外市场。国内市场可以分为城市市场、农村市场，按照地埋位置可以进一步细分。而海外市场也可以按照地理位置进行划分，通常有欧洲市场、亚洲市场、北美市场、南美市场等。跨越地域扩展市场，是企业扩大利润最为直接的手段。例如：非洲的尼日利亚由于靠近赤道，气候炎热，很多家庭的冰柜、冰箱是人们生活中必不可少的家用电器产品。而由于地理环境恶劣，电器腐蚀问题一度困扰着大部分顾客。采取走出去战略的海尔公司，针对当地市场的需求推出全防锈冰箱，提高当地人的生活质量。根据市场调查，改进产品设计，因地制宜地来调整产品，海尔冰箱至今占据尼日利亚冰箱市场头名位置，如图4-11所示。

细分市场，是对市场的需求进行层次划分，对同种产品需求各异的消费者进行分类。顾客的需求、购买行为、欲望、购买习惯等，存在着差异性，这是市场细分的重要依据。❶ 例如，诺基亚公司针对不同需求层次的细分市场，制定了丰富的产品线。其中，Vertu是诺基亚

---

❶ （美）菲利普·科特勒，凯文·莱恩·凯勒.营销管理［M］.梅清豪译.上海:上海人民出版社,2009：240.

图4-11
海尔针对尼日利亚推出的不锈钢冰箱

图4-12
诺基亚根据细分市场需求推出不同档次手机

公司成立的全球第一家奢侈手机公司，为世界各地的富翁量身定做手机。该品牌手机在产品设计、制作工艺、营销模式、售后服务上，都凸显了该品牌的自身特征。例如，Vertu采用蓝宝石装饰，用户只有在预约情况下才能购买，具有一键呼叫私人助理功能，让其帮忙预订机票、入住酒店、餐厅订座等。价格低廉的诺基亚手机与奢华的Vertu手机正是细分市场的结果，如图4-12所示。

竞争市场，是主要根据企业在市场上不同的竞争地位，而划分的企业类型。这里包括四种类型，市场领先者、市场挑战者、市场跟随者、市场补缺者。在同一市场中，由于竞争地位不同，企业需要针对某些对手而制订策略，抢占市场份额。市场领先者是行业中在同类产品的市场上占有率最高的企业，其通过提高市场占有率的途径来增加收益、保持自身的成长和抢占主导地位。市场挑战者和市场跟随者是指那些在市场上处于第二、第三甚至更低地位的企业。市场挑战者和市场跟随者通过攻击市场领先者、转移对象来扩大市场份额。市场补缺者是指精心服务于总体市场中的某些细分市场的企业，其应避开与占主导地位的企业竞争。市场补缺者应善于发现和尽快占领自己的补缺市场，并不断扩大和保护自己的补缺市场。

以汽车行业为例，丰田作为日本汽车行业的老大，它针对其他汽车制造企业在产品品种、销售区域、销售渠道等方面实行缓和的宽容政策，以便谋求整个市场的稳定和扩大。丰田稳定市场的主要手段包括：保持和第二位的日产公司的竞争与差距，而对待第三位的三菱以及东洋公司，在产品系列上采取相容路线。这样的竞争策略使丰田不必更新所有的产品就能对付本田公司产品生产台数不足的弱点。此外，丰田采取了联合促进的战略，让日本大发公司承担对其轻便车、女性专用车、电动汽车产品的装饰进行特殊加工的项目，同时把它作为一个迅速灵活的适应新市场的尖兵来使用，成为稳定市场的又一手段，如

产品系统设计

图4-13
丰田稳定市场的策略

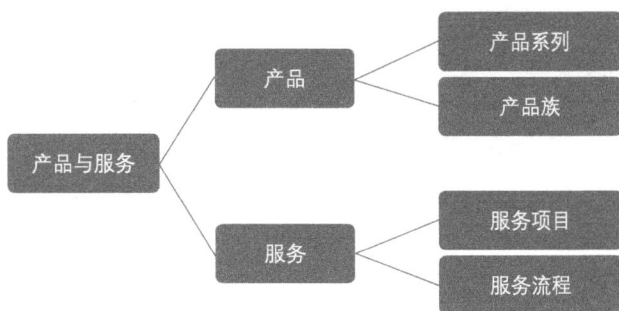

图4-14
企业产品与服务

图 4-13 所示。

4.2.4　企业产品与服务

企业产品与服务是企业设计战略的最终输出。无论是产品还是服务，都是企业为满足某类消费者需求所提供的价值。本章关注企业的产品与服务，主要从设计的关联性、一致性、系统性、创新性出发，分析设计应具有的延续性与拓展性，如图 4-14 所示。

在企业产品中，我们主要关注产品系列与产品族。所谓产品系列，是在功能、消费上有关联的产品系统。比如，鼠标与键盘作为电脑外部设备，经常作为一个产品系列进行销售。又如在手机销售上，包括保护套、耳机、移动电源在内的林林总总的手机配件作为产品系列的重要构成要素，具有广阔的市场。分析产品系列，需要通过调查用户需求，协调产品和配套产品之间的关系，达到服务用户、价值最大化。

产品族指在时间维度上，出现相似性、继承性、稳定性的一系列新旧产品。由于产品开发设计是一个反复迭代、不断更新的过程，所有新产品与以前的产品既具有一定的联系，但又不完全一样。产品设计特征具有稳定的结构，通过将某些特性进行复制、转移、删除，可以在相似的基础上产生新的设计效果与影响力。苹果手机在代与代的更新换代上，体现了设计的一致性，保持了在消费者中一贯的印象。产品系列与产品族是系统设计的重点内容，详细设计方法请关注第 7 章基于品牌的产品族与产品系列化设计。

服务是形成一个过程并对用户产生具有价值的产品的一系列活动。随着服务经济的到来，以物质产品为主的市场得到了饱和，人们有了更高的需求。一方面，技术的进步，为系统化实现服务奠定了基础。而另一方面，企业向客户提供的高品质服务成为竞争的重要手段。例如，

图4-15
通用汽车的Onstar系统

通用汽车公司专门针对机械问题置入了 Onstar 系统（图 4-15），成为各种型号的标准配置。该系统可以向顾客提供的服务包括：紧急救援服务、被盗汽车的定位服务、路旁援助服务、远程诊断和路线支持服务。又如，苹果借助智能手机迅速崛起，其中重要的原因之一就是通过 APP 形成软件服务。在这里我们强调对企业所提供的服务项目与流程的分析，以便进一步提升服务品质，赢得市场优势。

4.3　企业设计战略制订

在前一章充分掌握行业背景趋势的前提下，本节讨论制订企业设计战略是对企业内部系统发展的概括，主要通过企业文化、市场、研发资源、产品与服务企业四方面的要素，总结归纳为可操作的设计战略，如图 4-16 所示。

企业设计战略一般包括三个方面：

第一部分：对现有企业发展战略的解读。通过了解企业发展的宗旨、愿景，宏观把握企业发展战略的意图，以保障可操作的设计战略与企业发展战略的一致。

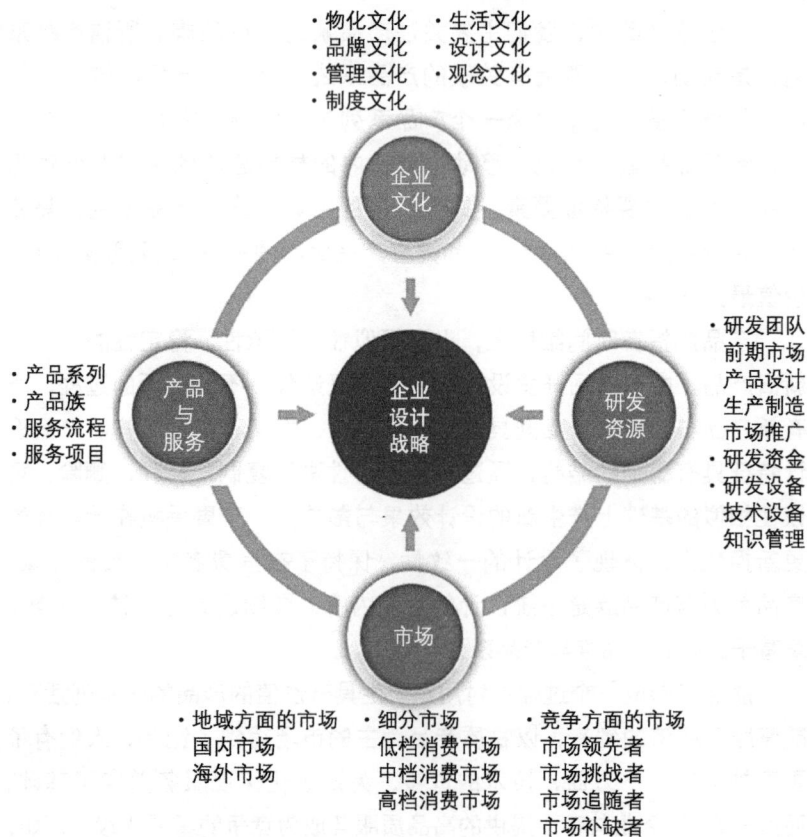

图4-16
企业设计战略

产品系统设计

第二部分：企业现状与问题。分析企业在文化、研发资源方面的特征，掌握企业在市场、产品服务上的现状，提出企业存在的问题。企业文化与研发资源代表了企业个体的"身体素质水平"，而企业市场、产品服务就好比企业个体的"生理指标"。而通过综合分析"身体素质"与"生理指标"，才能判断出企业的基本状况。

第三部分：基于以上现状与问题，提出企业在市场与产品服务方面的突破点，形成企业可操作设计战略。

4.4 企业设计战略案例

这里以森海塞尔企业为对象，通过对企业文化、研发资源、市场、产品服务的研究，提出森海塞尔企业未来设计战略的一种假想。

第一部分　对现有森海塞尔企业发展战略的解读

森海塞尔（图4-17）是一家著名的跨国企业，总部设于德国维德马克市温尼伯斯特尔区。森海塞尔产品线包括耳机、话筒、无线话筒、监听系统、会议及信息系统、航空设备以及声学技术设备等。产品质量是森海塞尔企业一贯的坚持，让全世界的人们都能享受最独特的听觉体验是企业的目标。

第二部分　企业现状与问题

1.森海塞尔企业文化

通过对森海塞尔企业使命和发展愿景的解读，我们总结出森海塞尔这些年始终是以追求产品质量为发展动力，企业品牌也一直是顶级的代名词，由此我们可以感受到森海塞尔企业深层文化中追求的极致价值理念，森海塞尔企业的产品研发、生产、制造、销售都是围绕这一核心企业文化而运作的。

2.森海塞尔企业研发资源

森海塞尔的研发智囊团队包括了各个领域的专业人员，拥有多项技术专利，并获得众多奖项，包括德国工业改革创新奖、奥斯卡技术奖、IF设计奖、红点设计奖等。

森海塞尔的新产品研发支持包括了以下部门：森海塞尔音频实验室，音频实验室用于帮助集团的研究和团队活动，重点是研究现在的数字信号处理技术（DSP）领域，此外实验室也重点研究数字电子产品的设计，从耳机到会议系统都有涉及。森海塞尔创新（瑞士）AG业务部门，该部门主要设计未来产品概念，跨学科团队的主要任务包括趋势研究，以及方案和创新产品的发展。帮助森海塞尔团队在全球范围内更好地理解趋势的影响，以及本公司的长期和短期影响。森海科技与创新部门，该部门主要研究空间音频、语音处理、音频控制和传感

图4-17
森海塞尔品牌

器技术，利用硅谷的创新生态系统，以检测早期的技术发展趋势，并确定和建立与世界顶级海湾地区的合作伙伴关系。森海塞尔消费电子部门，是专注于耳机、听力和电信产品的贸易部门。其新加坡办事处负责管理产品生命周期，客户关系管理以及产品开发，同时，部门研究并预测未来的发展趋势，迅速将其转化为优秀的解决方案。在知识管理方面，森海塞尔拥有一个针对研发团队量体裁衣的学习系统和专业知识库，其结构是模块化的，如果团队中有一名专家，则该专家可以从特定的范围内挑选一个相应的专家模块，从而更进一步地增强技艺，帮助研发。

3. 森海塞尔企业市场

在地域市场层面，森海塞尔的产品基本上在欧洲的市场已经站稳了脚跟，抢占了欧洲近七成的市场份额，未来企业将进军其他地域市场。

在细分市场层面，根据森海塞尔的企业理念，企业市场目标总体定位为中高端，目标群体也指向了消费者个体、事业单位、企业团体中的专业领域人群。产品价格有的可高达上万元，产品均价在近千元，少数耳塞的价格适合中低档次消费群体。

在竞争市场层面，森海塞尔无疑属于市场领先者，作为一家专业、高级的音频产品制造商，森海塞尔只把超越自己当做目标。

4. 森海塞尔产品与服务

森海塞尔针对市场推出了不同的产品系列，其中受到大众市场青睐的主流产品系列包括Classic经典系列（包括MX/CX/PX系列耳机）和HD系列发烧级耳机（图4-18），Classic经典系列主要针对大众主流人群市场，相比同级别竞争对手为消费者提供更加卓越的音质和更加舒适的设计；HD系列发烧级耳机主要针对日益庞大的发烧友群体，以最新科技为该用户群带来极致的听觉体验。

而现有产品也并非十全十美，用户也对相应的产品提出看法，比如PX系列是夹耳式耳机，长时间使用给耳轮带来不适感，其耳带过细；CX系列是深入式耳机，耳机表面与手的接触面过小，容易滑落；MX系列为塞入式耳机，耳机轮廓大小固定，无法适应所有用户；HD系列耳机为包耳式耳机，机体设计过于笨重，不易携带，如图4-19、图4-20所示。

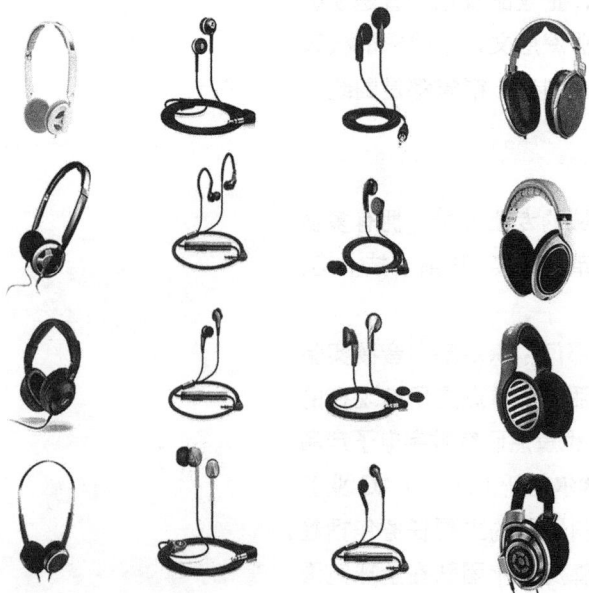

图4-18
MX、CX、PX系列耳机和HD系列发烧级耳机

产品系统设计

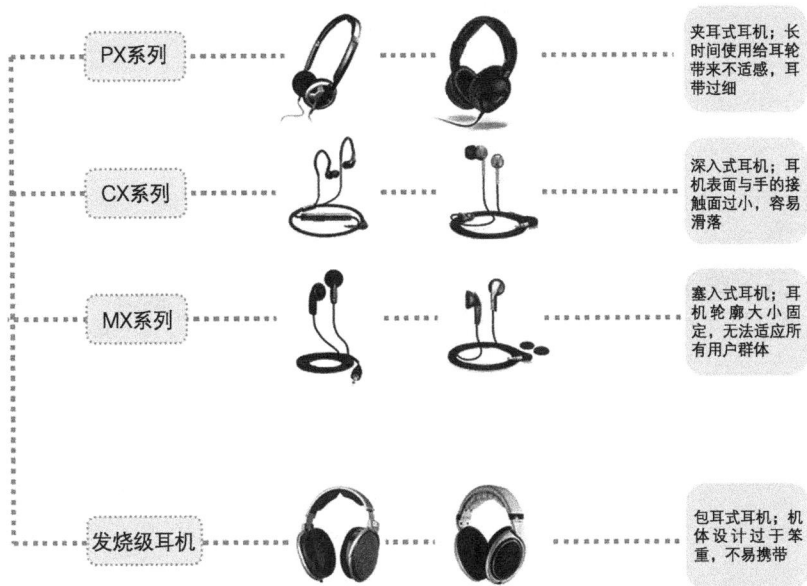

图4-19
用户产品使用缺陷理解

PX系列：夹耳式耳机；长时间使用给耳轮带来不适感，耳带过细

CX系列：深入式耳机；耳机表面与手的接触面过小，容易滑落

MX系列：塞入式耳机；耳机轮廓大小固定，无法适应所有用户群体

发烧级耳机：包耳式耳机；机体设计过于笨重，不易携带

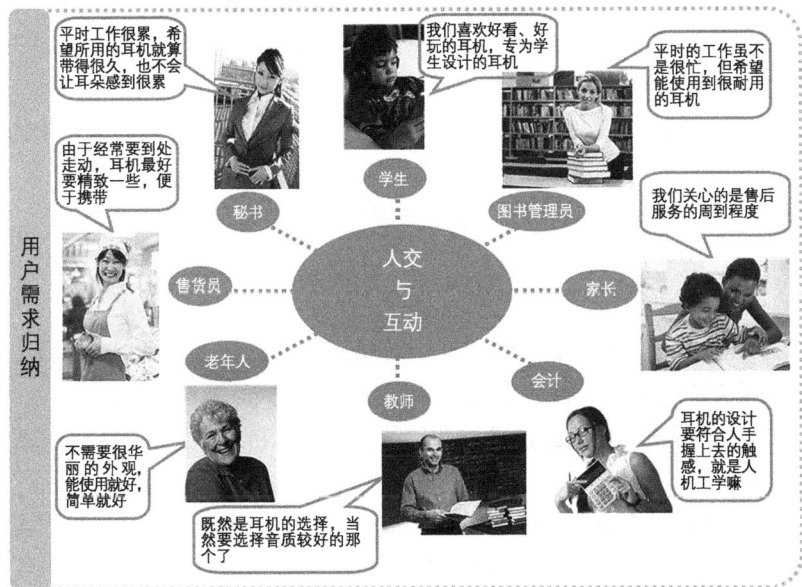

图4-20
细分用户群体需求归纳

用户需求归纳

人交与互动

秘书、学生、图书管理员、售货员、家长、老年人、教师、会计

平时工作很累，希望所用的耳机就算带得很久，也不会让耳朵感到很累

我们喜欢好看、好玩的耳机，专为学生设计的耳机

平时的工作虽不是很忙，但希望能使用到很耐用的耳机

由于经常要到处走动，耳机最好要精致一些，便于携带

我们关心的是售后服务的周到程度

不需要很华丽的外观，能使用就好，简单就好

既然是耳机的选择，当然要选择音质较好的那个了

耳机的设计要符合人手握上去的触感，就是人机工学嘛

第三部分　森海塞尔企业设计战略

从森海塞尔的产品四要素分析，我们可以尝试总结其规律，得出企业未来的发展战略（图4-21）。

基于企业原有的核心价值理念，森海塞尔作为专业、高端、优质的代名词，企业必须贯彻品质路线，不断革新技术，研发新产品，为给消费者提供完美的音质体验不断努力。

根据企业在地域市场中的占有率，森海塞尔在保持欧洲市场占有

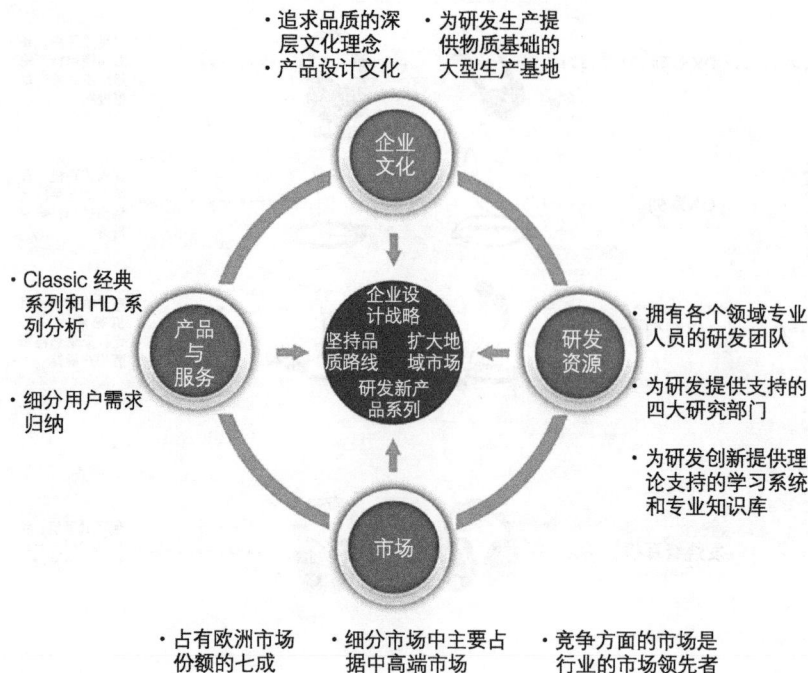

・追求品质的深 ・为研发生产提
层文化理念 供物质基础的
・产品设计文化 大型生产基地

企业
文化

・Classic 经典
系列和 HD 系   企业设   研发
列分析   产品   计战略   资源   ・拥有各个领域专业
            与   坚持品   扩大地   人员的研发团队
・细分用户需求   服务   质路线   域市场   ・为研发提供支持的
归纳   研发新产   四大研究部门
品系列   ・为研发创新提供理
                论支持的学习系统
                和专业知识库

市场

・占有欧洲市场 ・细分市场中主要占 ・竞争方面的市场是
份额的七成 据中高端市场 行业的市场领先者

图4-21
森海塞尔设计战略

率的基础上，重点发展美洲、亚洲等新的地域市场。

　　针对用户对现有产品系列使用缺陷的理解和细分用户群体需求的归纳，设计研发出更多适合不同用户的产品系列，从产品外观、色彩、材质以及人机等方面研究设计，使产品给用户带来更好的使用感受。

　　作业安排

　　1.分析某一企业的企业文化，总结该企业文化的特点。分析该企业文化对企业战略发挥的作用。

　　2.分析某一企业的产品服务现状，分析其特点、现状以及未来发展趋势。

　　3.对某一企业进行系统分析，从企业文化、资源、市场以及产品等出发，分析其产品开发战略。

第五章 项目系统与设计定位

【本章内容摘要】

在明晰行业顶层设计、制订企业设计战略后，需要开始企业项目，把握项目的设计定位，以更好地进行新产品开发。通过对项目系统中的用户需求要素、系统功能要素、品牌识别要素、风格特征要素、优势技术要素、环保绿色要素、市场竞争要素、项目管理要素进行分析归纳，指明新产品项目的明确方向，为新产品开发奠定基础。本章主要讲解项目系统的定义、构成要素、项目系统与设计定位的关系等三方面内容，重点围绕"选择什么项目"为核心问题展开。

5.1 项目系统的概念

通常，我们认为项目是一件事情、一项独一无二的任务，也可以理解为是在一定的时间和一定的预算内所要达到的预期目的。

关于项目有多种解释，比如德国国家标准 DIN69901 认为："项目是指在总体上符合如下条件的唯一性任务：具有预定的目标，具有时间、财务、人力和其他限制条件，具有专门的组织"。比如哈罗德·科兹纳（Harold Kerzner）博士认为："项目是具有以下条件的任何活动和任务的序列：有一个根据某种特定技术规格完成的特定目标；有确定的开始和结束日期；有经费限制；消耗资源（如资金、人员、设备）"。再如美国权威机构项目管理协会（PMI，Project Management Institute）认为，"项目是一种被承办的旨在创造某种独特产品或服务的临时性任务。" ❶

总体而言，项目的内容属性比较宽泛，项目侧重于过程，它是一个动态的概念。我们可以把一条高速公路的建设过程视为项目，但不应该把高速公路本身称为项目。诸如进行一场时装秀、策划一场婚礼、实施一条街道的改造、开发一个新产品等都可以称为项目；同时，在不同环境条件下存在不同类型、不同层面的项目概念。

---

❶ 陈汗青，邵宏，彭自力.设计管理基础［M］.北京：高等教育出版社，2009：89–91.

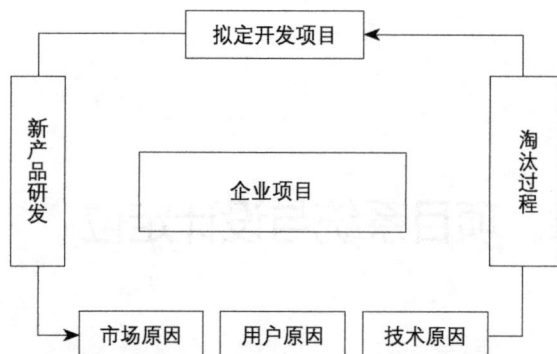

图5-1
企业新产品项目循环示
意图

本文所指项目主要是在企业层面上的项目，比如：企业在多元化经营理念下，提出新的房地产项目；企业为了转型升级，从传统按键式手机进入触摸式智能手机项目；企业为了拓宽产品族群，从自行车发展到电动车项目。从企业项目角度上看，一个项目往往会由很多件具体的产品构成，不断进行产品创新设计，直至该项目因为市场、用户、技术等原因被淘汰，企业便重新开始选择新的项目，进行新的产品开发设计，这是一个不断循环的过程（图5-1）。

企业总是希望在激烈的行业竞争中获得新的机会，找到企业新项目的发展方向，开发新的产品，以实现新的经济增长；也可以说，在我们进行一类新产品设计之前，通常企业会建立一个项目组，以系统的方式把握项目、指导设计工作的开展。项目系统作为新产品开发的前期平台，受到用户需求、功能定位、品牌风格、自身技术、市场竞争力以及自身组织和管理能力的影响。因此，如何系统、清晰地认识项目本身，是顺利定位项目设计方向的前提。

企业项目的工作任务主要有两点：①选择合适的企业项目；②为新产品设计指明方向。在这里,项目基于上诉各方面要素的分析而展开，由这些核心要素构成的工作系统称之为项目系统。设计人员服务于企业进行新产品项目的开发，对于项目系统理解的深度和广度，直接影响到新产品项目的价值。

5.2 项目系统的构成

项目系统是新产品开发的前期平台，成功开发一款具有市场竞争力、影响力且具有社会责任感的新产品，往往涉及项目系统中方方面面的构成要素,概而言之可分为八个方面要素（图5-2）:用户需求要素、系统功能要素、品牌识别要素、风格特征要素、优势技术要素、环保绿色要素、市场竞争要素、项目管理要素。

为了便于理解各要素如何作用于完整项目系统，这里将项目系统

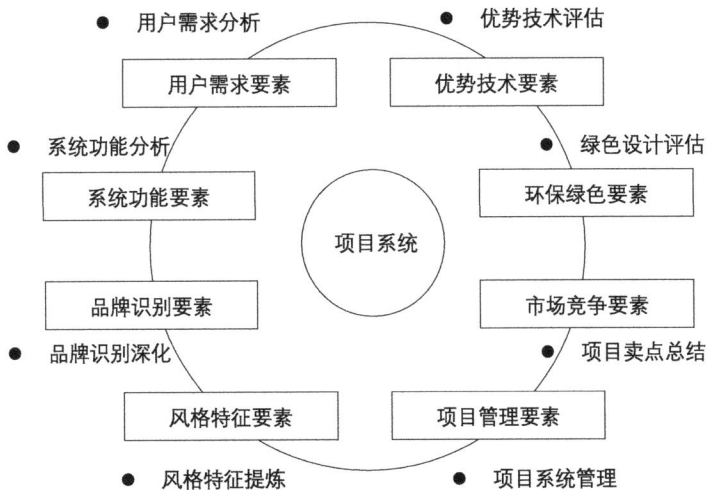

图5-2
项目系统要素

拆分成为两个层面：第一层面，构成完整项目系统的八点要素；第二层面，为了实现项目系统所需要采取的手段和方法。前者是目标，后者则是过程。

5.2.1 用户需求要素

所谓用户需求，可以理解为用户在工作过程中遇到的问题以及不能有效解决的任务。人渴了需要喝水，饿了需要吃饭，需求千变万化而无处不在。我们必须了解用户需求的差异性，关注用户需求的变化，提出产品使用功能，满足用户的合理性需要，才能最终得到用户认可。

比如，由麻省理工学院多媒体实验室发起并组织的非营利组织OLPC（One Laptop Per Child），借由开发成本仅100美元的廉价笔记本电脑，帮助那些发展中国家的儿童与信息社会接轨。如图5-3所示。

再如，在美国俄勒冈州比弗顿市的英特尔公司园区里，在马莉亚·柏赞提斯（Maria Bezaitis）的领导下，一组动力十足的研究人员正利用由社会学界提炼出来的观察手法研究很多问题，这些问题不会对公司立即产生影响，但会在未来左右公司的运营：电子货币的未来、少女如何使用技术保护自己的隐私、新兴的国际化大都市街头生活的模式、居住在诸如房车等"极端住宅"里的人组成的新兴社区等。柏赞提斯领导的"人与行为研究团队"（People and Practices Research Group）中的心理学家、人类学家和社会学家已经在全球范围内分头行动，找寻、洞察文化转型中的变化与需求。

为什么硅谷的一家芯片公司会有兴趣资助一群离经叛道的社会学家去研究东欧或西非的人或行为呢？这是因为现在全球只有约10%的人口能接触到网络通信技术，而英特尔公司知道，在下一个10%的人口上网时，自己必须做好准备。

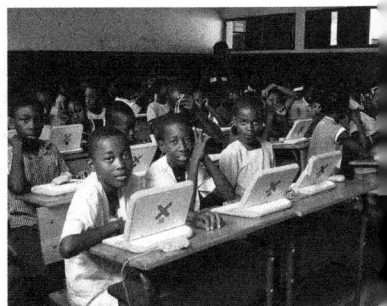

图5-3
OLPC满足第三世界国家
儿童的求知需求

用户需求已经成为当下热门的研究领域，影响用户需求的因素有很多，用户需求具有多样性、差异性、模糊性、动态性、有限性、层次性等特征：

（1）多样性和差异性。由于消费者的文化层次不同、所处的社会环境不同、经济能力不同，从而导致用户需求的差异和多样。

（2）模糊性。用户对于产品需求的表达形式是不确定的，对于未来产品的需求呈现往往只能是一种模糊的描述。

（3）动态性。用户需求会随着用户对于产品属性和结构性能方面的了解而产生变化。

（4）有限性。不同用户的需求权重不一样，形成不同的有限满足状态。

（5）层次性。用户需求按照一定的关系逐级分解、细化，具有多层次特点。

5.2.2 产品功能要素

产品功能，即产品的作用，是指在一定的条件下，该产品所能完成的事情或实现某些结果。它是对用户需求的一种回应，一般情况下有什么样的需求，就会产生什么样的功能。比如从摩托罗拉的大哥大到西门子再到诺基亚，再到如今的三星、苹果等手机产品发展的时代性变化，可见一斑。这种用户需求与产品功能回应之间的游戏会一直进行下去，有时我们不禁要问：今天到底需要什么样功能的手机？如图5-4所示。

iPhone5是苹果家族的第六代升级，每次升级都会有崭新的变化，功能也随着用户的需求不断重新定义。最原始的手机"大哥大"只有拨号功能，铃声也十分单调。随着时代的变迁，人们的需求发生着急剧的变化，每个时期都有设计"切入点"的变化，如蓝屏手机、彩屏手机、和弦铃声、智能手机到GPS定位导航、微信、购物、订票等，手机似乎已经变得无所不能。如图5-5所示。

图5-4（左）
用户需求与产品功能的
对话
图5-5（右）
APP STORM

产品系统设计

苹果手机沿用了它在 iPod 上的界面技术，把这系列开放的网络环境、网络消费等日益强大的技术，都运用到智能手机上，并且把各种用户需求整理、组合起来，形成以手机为终端的操作系统，在这个网络信息时代大行其道。同时，使先进的网络交互技术、完善的电子消费平台结合在一起，成就了今天的苹果公司。

在项目系统中，产品的功能要素会受到项目定位、用户需求等影响，同时，它也会影响到后续的设计工作，以及新产品的开发成本平衡等方面。

图5-6
果粉彻夜排队购买苹果新产品

5.2.3　市场竞争要素

市场竞争（Market Competition）是市场经济中同类经济行为主体为着自身利益的考虑，以增强自己的经济实力，排斥同类经济行为主体的相同行为的表现。市场竞争与用户需求有一点共同之处，那就是无处不在。尤其在中国正式加入 WTO 后，随着国外厂商及其产品的大量涌入，国内厂商开始"与狼共舞"，今天的全球化市场竞争则更为激烈。

市场竞争涉及产品竞争、素质能力竞争、服务竞争、信息竞争、价格竞争、信誉竞争等全方位的竞争，其核心是产品竞争，缺乏市场竞争力的产品终将影响乃至导致一个企业衰亡。因此，本文所提市场竞争要素，主要是指企业项目的市场机会以及突出的产品卖点（图5-6）。

找到市场机会的缺口，获得市场的认可，取得良好的市场销售业绩，成为所有企业新项目与产品的最终目标；为了达到这个目标，除了用户需求的分析，对于项目市场竞争要素的分析同样十分重要。在整个项目系统中，以市场机会点为导向的市场竞争分析将起到项目方向标的作用，定位的准确性将直接影响到该项目的成功与否；而产品卖点提炼则是产品市场号召力和影响力的重要因素，不恰当的卖点提炼或者缺乏卖点的产品，都会给整个项目带来不可逆转的可怕后果，直接造成项目过程中的人力、财力、物力的大量消耗。

5.2.4　品牌识别要素

关于品牌识别（Brand Identity），翁向东在《本土品牌战略》一书中认为，"从产品、企业、人、符号等层面定义出能打动消费者并区别于竞争者的品牌联想，与品牌核心价值共同构成丰满的品牌联想。"品牌识别特征也可以称之为品牌主要期待着留在消费者心智中的联想。一个强势品牌必然有丰满、鲜明的品牌识别。科学完整地规划品牌识别体系后，品牌核心价值就能有效落地，并与日常的营销传播活动有效对接，项目的实施活动就有了标准与方向。

如何反映企业品牌的识别特征，并在所有的项目系统中贯彻至终？

由于品牌识别特征是一个非常抽象的概念，即使是前期进行了定义，也需要在每个子项目系统运作时进行适当的、有针对性的深化。

在一个新项目的策划阶段，项目系统的设计定位、产品的功能组合、市场的机会价值等相关工作，都应该基于该项目所依托的独特品牌价值与识别特征展开。关于品牌与品牌识别的设计与方法等内容，详见第7章。

5.2.5 风格特征要素

风格，主要指向区别于其他人、事、物的形态、表现、行为、作风等特征。风格的概念可适用于不同的对象，比如：沉稳大气的德国大众汽车企业风格、极具美国加州海岸风情的湖滨一号项目风格、简约精致的索尼笔记本产品风格等。对于企业项目而言，既包含了企业风格属性，也包含了产品风格诉求，其风格特征定位是项目推进中必然需要遭遇的问题，且与诸多要素互相关联。对于企业项目风格而言，其构成因素一般包括地域文化、企业文化、企业形象、产品内容、技术储备、设计师因素、产品属性、企业管理等方面（图5-7）。

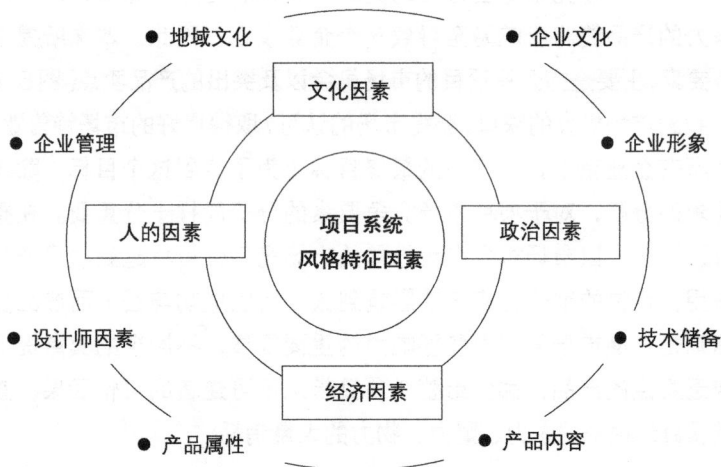

图5-7
项目系统风格特征因素
图解

5.2.6 优势技术要素

每一种产品都由其核心技术与辅助技术配合组成，并且每种产品最终都离不开功能技术、材料技术与制造技术等多方面内容的支持。工业产品功能主要依赖于其核心技术，比如：移动电话的核心技术是移动通信技术。在大多数情况下，企业的核心技术往往与其优势技术相一致。

在项目定位阶段，企业一般会结合自身技术优势，通过用户需求及产品功能等分析，选择以某种技术作为该项目的核心技术。2013年谷

　产品系统设计

图5-8
谷歌眼镜的使用状态

歌公司推出的谷歌眼镜（Google Project Glass）（图5-8），其外观类似一个环绕式眼镜，其内核技术实际上采用了一个"微型投影仪 + 摄像头 + 传感器 + 存储传输 + 操控设备"的结合体。右眼的小镜片上包括一个微型投影仪和一个摄像头，投影仪用以显示数据，摄像头用来拍摄视频与图像，存储传输模块用于存储与输出数据，而操控设备可通过语音、触控和自动三种模式控制。而且，据谷歌眼镜开发人员介绍，谷歌眼镜可以实现智能手机的所有功能，同时，为广告商们构筑了潜在巨大的市场空间。广告商能以更私密的方式传播广告信息，譬如当用户乘坐电梯时、在餐厅用餐时、在沙发上休息时。

我们可以说，谷歌眼镜的成功是由于其先进的优势技术而引发了市场的热烈反应，但从另一个角度说，谷歌眼镜实际上是满足了人们解放双手的根本需求，技术因素只是其中的一个支撑环节。

5.2.7 环保绿色要素

环保绿色问题是 21 世纪中国面临的最严峻挑战之一，保护环境是保证经济长期稳定增长和实现可持续发展的基本国家利益，每一家企业都责无旁贷。据一份调查显示，电脑、相机和手机等电子产品中，含有大量有毒有害物质，比如汞、铅、镉等；汞会损坏肾脏、破坏脑部；铬能穿过细胞膜产生毒性，引起支气管哮喘。最新数据显示，我国每年淘汰手机接近 4 亿部，如果按每部手机长 10cm 计算，连起来有 4 万 km，差不多绕了地球一周，但仅有 1% 的旧手机被回收。这还只是手机一项，如果再加上其他类型的电子产品垃圾，今日的生活已是"电子垃圾围城"。如图 5-9 所示。

图5-9
电子垃圾围城

因此，所有企业的新项目及其产品开发，都应该考虑环保绿色要素。

在项目系统中，也许环保绿色要素不是最能为企业带来直接经济效益的要素，但是，它反映了人们对于现代科技与生产制造所引起环境生态破坏的反思，同时也体现了设计师道德和社会责任心的回归。

5.2.8 项目管理要素

项目管理是管理学的一个分支学科，指在项目活动中运用专门的知识、技能、工具和方法，使项目能够在有限资源限定条件下，实现或超过设定的需求和期望。企业项目管理直接影响着项目的执行力，合理、有效的项目管理是推动一个项目有序和快速发展的重要环节，也是增强企业市场竞争力的重要手段之一。

项目管理的形式和方法多种多样，从项目管理研究的出发点看，有克里勒德（Cleland D.I.）的目标论、科里（Kelly W.F.）的任务论、卡斯特（KasL F.E.）的功能论、本里斯（Bennis W.G.）的结构论，以及基于系统论的项目管理等。关于项目管理的深入研究，本文不作逐一阐述与分析。

简要地说，项目管理是以系统性观念管理具有特定目标的项目，组织具有不同专业技术的人员成立临时性或长期性的团队，指派项目经理为领导者负责项目工作，由其实施综合的计划、组织、指导和控制，运用各种人力、物力、财力资源，在既定的时间和预算下完成特殊的工作。

5.3 项目系统定位设计

项目系统是一个非常复杂的综合体。在企业进行新项目定位设计时，单纯依赖于个别要素的分析结论，都不足以指导整个项目的定位方向。只有当把所有要素按照一定的关系结合起来整体考虑时，才能指导我们进行项目系统定位设计工作。

项目系统的定位一般可以分成四个方面来实施：需求分析和项目机会的发掘，核心功能与主要卖点的提炼，产品形式与技术支撑的选择，以及项目管理和设计定位的控制。如图 5-10 所示。

第一部分，需求分析和项目机会，通过需求分析找到项目的机会价值点。

第二部分，核心功能与主要卖点，主要目的是确定新产品的核心功能，归纳主要卖点。

第三部分，产品形式与技术支撑，一般情况下按照形式和技术两条线索进行定位，其目标是确定新产品的风格形式及核心技术。

第四部分，项目管理与设计定位，通过对项目管理方式的优化和

产品系统设计

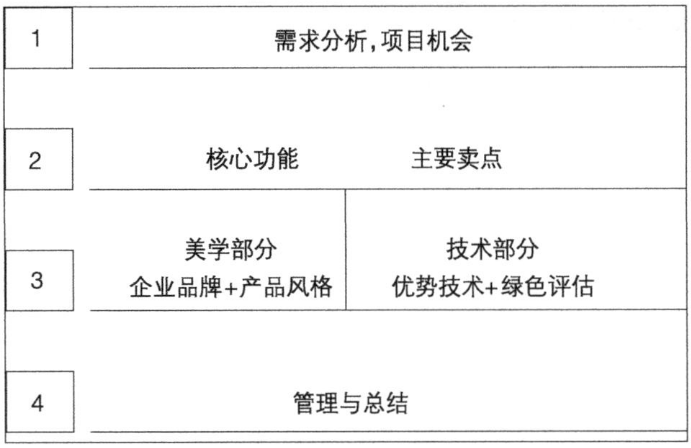

1	需求分析，项目机会	
2	核心功能	主要卖点
3	美学部分 企业品牌+产品风格	技术部分 优势技术+绿色评估
4	管理与总结	

图5-10
项目系统的定位

观点总结，绘制出新项目系统的定位框架图。

5.3.1 需求分析与项目机会

在新项目定位阶段，了解用户需求是确认和评估项目机会的基础。设计界普遍认为，促成 IDEO 成功的主要原因之一就是其专注于用户需求分析与研究，以及突破性地解决问题。

所谓需求分析（Requirement Analysis），指设计问题和设计目的与用户达成一致，评估设计风险和项目代价，最终促成开发计划的一个复杂过程。广义的需求分析包括需求的获取、分析、规格、说明、变更、验证、管理等。狭义的需求分析指需求的发掘和定义过程，简而言之，需求分析的任务就是解决"做什么"的问题，需要全面理解用户的各项要求，并准确地表达所接受的用户需求。

在为家居办公（SOHO，Small Office Home Office）设计打印机项目中，设计人员通过对 SOHO 族群的走访、观察、访谈等跟踪记录，做出对于用户需求的分析工作图片，如图 5-11 所示。他们拥有自由浪漫的工作方式，跟传统上班族的最大区别在于不拘泥于地点，时间相对自由。SOHO 代表着一种自由、弹性、新型的生活和工作方式，特别关注能否按照自己的兴趣和爱好去自由选择工作。

设计人员根据工作类型的差异将这类用户分成了四类，分别是：文字工作、图像设计、商务工作和金融工作群体。在对这四类人的工作特征及需求作分析后，认为 SOHO 族群在打印使用方面体现了如下需求：高品质、快速度、节省可控的打印成本、富有创意的专项功能（如网页打印、储存卡打印、模版打印等）、个性化外观，以及能够方便快捷地扫描大量图样并制成电子文件。与此同时，在用户界面上尤为注重：操作时传递的趣味感、有意思的设计和移动方式、简洁而易用的操作方式。

用户需求分析是非常耗费时间的作业，研究的目的在于确认、评

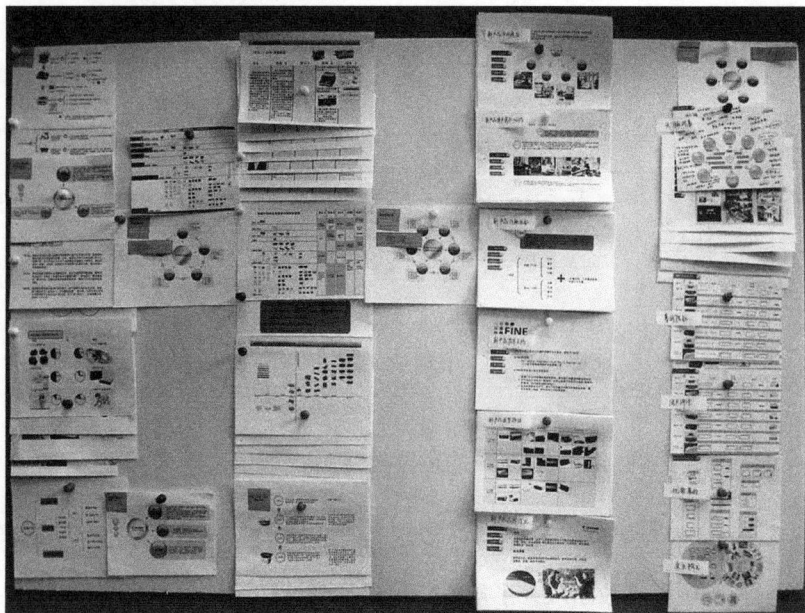

图5–11
用户需求分析现场

估和验证项目机会。随着设计研究的深入，需要解决的问题就会逐渐显露出来。理论上，设计者可以永远持续进行研究作业，搜寻更多的信息以找出更佳的项目机会。但在实际操作过程中，我们需要尽量聚焦任务的目标，产品企划的原则是当产品可以确保商业上的利益，而且和企业的产品开发策略并不违背时，这个项目机会便是令人满意的。

5.3.2 核心功能与主要卖点

2013年，小米推出了"小米盒子——网络高清电视机顶盒"（图5-12），其核心功能是满足更多用户利用现有家庭影音设备分享大屏幕高清网络视频的根本需求，小米盒子通过电视运营的"中国互联网电视"集成播控平台，可以提供海量视频资源。与此同时，小米盒子还同时具备将小米手机、iPhone、iPad连接，以及将电脑上的图片视频无线投射到电视上的米联功能、本地播放功能、网络电台功能等多向功能，甚至于还未上市就已经被大量订购，被称为迄今为止小米手机最发烧的配件。小米盒子为什么拥有如此强大的吸引力？

首先，产品核心功能确定的依据是用户需求，小米盒子之所以能够如此热卖，其根本原因是需求的满足度高。它改变了电视机的根本属性，满足与家人一起利用

图5–12 小米盒子

产品系统设计

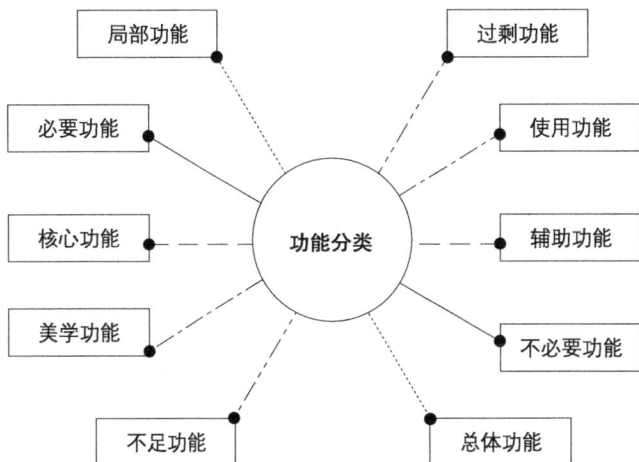

图5-13
产品功能分类图解

现有家庭影音设备分享大屏幕高清网络视频的根本需求。

由于用户需求是多方面、多层次的，因此产品的功能也具有层次性和多面性的特点；产品的功能可以分为核心功能和辅助功能、使用功能和美学功能、必要功能和不必要功能、过剩功能和不足功能、总体功能和局部功能等（图5-13）。

一般意义上的功能分析包括两方面内容，其一是功能定义，其二是功能整理。所谓功能定义，是指用简洁的语言说明研究对象整体和组成部分的功能，回答"这是什么"和"它是干什么用的"。而所谓系统功能整理，指按照用户对功能的需求，明确已定义的功能类别、性质及相互关系，使之结构化。

在进行功能整理时，依据用户对产品的功能需求，提取出基本功能，并把其中的核心功能排列出来（也称之为上位功能）。核心功能一般都是上位功能，通常可以通过回答以下问题来判别，如果答案是肯定的，该功能就是核心功能。除此以外的其他功能均为辅助功能。问题如下：

（1）取消了这个功能，产品本身是不是就没有存在的必要了？

（2）对于功能的主要目的而言，它的作用是否必不可少？

（3）这个功能改变之后，是否会引起其他一系列的工艺和零部件的改变？

同时，明确功能的上下位和并列关系。在一个功能系统中，功能的上下位关系，是指功能间的从属关系，上位功能是目的，下位功能是手段。例如，电压力锅的功能中"变压烹饪"和"智能控压"的关系就是上下位功能关系。其中，"变压烹饪"是上位功能，而"智能控压"是为了实现"变压烹饪"而存在的一种手段，属于下位功能。需要指出的是，目的和功能是相对的，一个功能对它的上位功能来说是手段，对它的下位功能来说又是目的。功能的并列关系是指几个功能之间，谁也不从属于谁，但又同时从属于同一个目的。

其次，提出强有力的卖点，小米盒子的主要卖点是"每一天打开的盒子都是'新'的"。正因为抓住了其通过电视运营的"中国互联网电视"集成播控平台，可以提供海量视频资源这个特点，使普通的有线直播电视望尘莫及。

卖点对于用户而言是一个消费理由，最佳的"卖点"即为最强有力的消费理由，也就是优于同类竞争产品、满足目标受众的需求点。而对于企业而言，卖点就是商品具备了前所未有、别出心裁或与众不同的特点。这些特点一方面是与生俱来的，另一方面是通过营销策划、设计开发等人员的想象力、创造力塑造的。

劲永国际（PQI）2012年推出的Air系列Wi-Fi闪存卡，颠覆传统闪存卡功能，利用最新的Wi-Fi技术，以"及时分享"为概念，透过无形的传输，让使用者可以随时随地尽情分享档案数据，少了恼人的传输线，只要一个简单的步骤，无论在室内或户外，都可以立即传输，无须透过计算机或读卡器读取档案，解决一般档案数据无法立即分享的困扰。如图5-14所示。

当然，卖点远远不止于功能层面，在形式表达和技术支持等层面同样存在卖点。有吸引力的风格定位、品牌识别特征、先进的技术支撑或者是绿色环保的设计理念都能对卖点形成强有力的补充和支持。

最后，卖点提炼的过程一般来讲，包括以下几步：

（1）对我方资源能满足目标受众的相关需求进行罗列，或者整理出所有与我方资源相关的需求。

（2）按目标受众对产品相关需求的轻重对其进行排序，调查出在这些相关需求中哪些需求是重要的，哪些需求是紧急的。

图5-14
PQI推出的Air系列产品

产品系统设计

（3）结合竞争对手，调查我方资源可满足目标受众需求的实际情况，进而整理出优于对手、满足目标受众需求的优势。

（4）利用需求休克与复活理论的原理和方法，按照有利于我方的原则，对影响目标受众的需求进行排序。

（5）提炼"卖点"，提出我们的商品优势与识别性，商品优势能够满足目标受众需求的内容，以及与竞争商品相比所体现的优势。

（6）"卖点"在传播过程中的表达思路，如：一句核心利益诉求，三个商品优势支撑，五个相关利益所得等。

5.3.3 产品形式与技术支撑

作为项目系统定位的第三个主要部分，产品形式与技术支撑，一般情况下按照形式和技术两条线索进行定位，其核心目标是确定新产品的风格形式及核心技术。这里我们分别针对两条线索进行说明。

首先，参考上文对于项目系统八大构成要素的定义，定位新产品的美学形式依据有两个方面，其一是产品所属的品牌识别特征；其二是产品所属的社会、政治、经济、人文环境。在大多数情况下，品牌特征是影响新产品风格特征的主体，而产品所属的社会、文化、环境等因素起到辅助作用。

毫无疑问，三星是韩国的龙头企业。在 2011 年三星 Q3 智能型手机销量季增逾 4 成，达 2780 万只，全球市场占有率达 23.8%，战胜苹果拿下全球智能型手机龙头宝座。三星手机一直以时尚出众而著称，其中三星女性手机可以说是所有手机品牌中机型最多的。三星女性手机以小巧时尚的造型、超薄的设计以及炫目的屏显、外壳颜色和出色的功能赢得了许多女性手机用户的青睐，例如 i9300 Galaxy S III、Galaxy Note II N7102 以及 Galaxy Note II N7100 都是极佳的女性智能手机，如图 5-15 所示。此外，三星手机的多种色彩以及符合人体工程学的机身设计，都极为符合女性使用手机的习惯，逐渐形成了既具有三星文化又吻合都市白领女性所追求的时尚风格特征。

在项目定位工作中，为了使团队对所服务的品牌有统一的、明确的认识，常常通过卡普费雷品牌特征识别的棱镜图的分类法对新产品的

Galaxy Note II N7102　　　　i9300 Galaxy S III　　　　Galaxy Note II N7100

图5-15
三星2012~2013年上市的
三款女性手机

品牌属性进行分析。根据让·诺艾·卡普费雷（Jean-Noël Kapferer）的观点，把品牌比作人的明显优势在于：对消费者来说（尤其是非专家型的普通消费者），品牌变得更加容易理解与沟通，消费者能够轻易地感知品牌，就好像它们也有了人的属性。

按照卡普费雷品牌特征识别（Brand Identity prism）的棱镜图分类法（图5-16），除了品牌个性棱面以外，品牌识别架构的其他棱面还包括：品牌内在价值棱面（自我形象）、文化棱面、品牌关系棱面（行为风格）、消费者品牌反射棱面、品牌物质棱面（区别于其他品牌的物质属性）。其中，物质特性、品牌关系、品牌反射属于外界认知界面，而品牌个性、品牌文化、品牌表现属于内部认知界面。

合理运用"卡普费雷品牌特征识别的棱镜理论"，可以有效地认清在项目系统中品牌深化的方向，确保独立的子项目也能始终在品牌大方向中不断推进。

比如，佳能品牌的项目与产品（图5-17）。在"共生"的品牌理念的指导下，佳能立志成为一家真正优秀的公司，一家在全世界范围内广受信任和尊重的公司。2010年佳能集团营业额达到457.64亿美元，并于2009年被《商业周刊》杂志列入"全球最佳品牌"第33位；佳能分布在世界各地的合并结算子公司已达241家公司，员工168879人。在2011~2015年，佳能中国面临的第四阶段发展目标是成为世界100强企业。

为什么佳能品牌如此深入人心？它的识别特征有哪些？我们以佳能的品牌为例，将佳能品牌的诸多属性及表现，归纳到卡普费雷品牌特征识别的棱镜框架中去，观察形成佳能品牌被市场认可的特征有哪些（图5-18）。

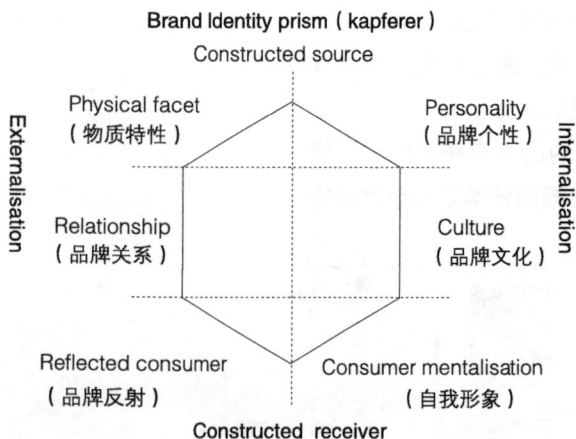

图5-16
卡普费雷品牌特征识别棱镜图分类法

图5-17
佳能IXUS系列产品

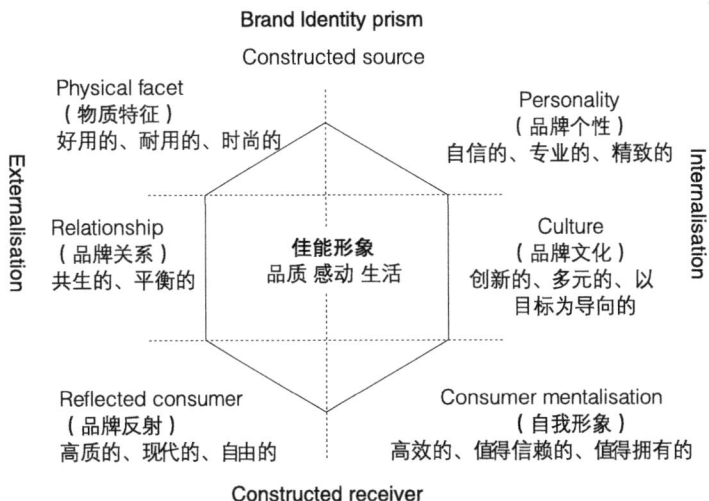

图5-18
佳能品牌特征识别图

其他六个棱面分别如表5-1所示。

品牌识别特征分析表　　　　　　表5-1

序号	界面属性	品牌识别面	具体内容
1		品牌个性	自信的、专业的、精致的
2	内部认知界面	品牌文化	创新的、多元的、以目标为导向的
3		品牌表现	高效的、值得信赖的、值得拥有的
4		物质特性	好用的、耐用的、时尚的
5	外部认知界面	品牌关系	共生的、平衡的
6		品牌反射	高质的、现代的、自由的

其次，企业的优势技术、行业的先进技术等都会对新产品的竞争力形成强大的支撑作用。因此，需要正确进行技术优势分析，提炼出优势技术价值点，指导设计人员在具体的工作中，选择合适的技术进行新项目、新产品开发。如何判断应用什么技术有一系列的评估方法，这里我们重点围绕产品技术的可靠性和先进性展开。

其中，判断技术可靠性的基本内容有：该产品所含的各种技术是否符合相关科学理论，各项参数是否准确，技术资料中对该产品功能及市场前景是否有不实之处等。产品开发项目常常需要选择和利用多项技术，设计项目的技术选择要考虑如下因素，如图5-19所示。

同时，在判断产品技术的先进性时，应该注意以下四点：其一，当企业自身拥有核心专利技术时，既应优先在产品中考虑使用自有技术，也要进行横向对比。面对若干个同类技术进行选择时，应充分考虑该技术是全新研发，还是在现有产品的基础上经过设计改造出来的，前者具有较大的发展余地，生命力旺盛，先进性好。其二，分析该类

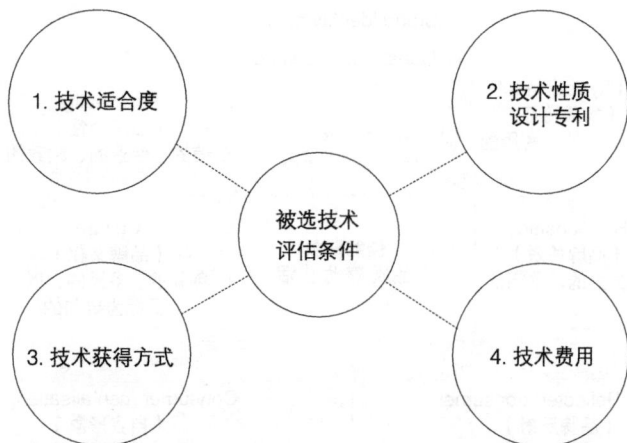

图5-19
技术评估条件图解

技术及其行业所处的发展阶段和未来趋势。一般来讲，刚刚兴起的行业及其技术有较大的发展潜力，已趋于成熟的行业及其技术，社会需求达到顶峰，很可能衰退期即将到来。其三，将拟开发的产品与国内外同类产品的现有水平进行对比研究，如同类产品的外观、性能、功能和操作性等参数等。其四，研究拟开发产品技术指标能达到的标准等级。

最后，上文中提到的环保绿色要素，今天也作为一种重要研究技术存在于众多新产品开发的项目中。

在项目系统定位阶段谈绿色环保，其实质是产品绿色设计对生态环境影响评估，按其对生态环境所造成的影响来进行分析，包括：资源能源消耗、污染与公害、废弃物处理、生态平衡四大部分（表5-2）。

绿色设计对生态环境影响评估　　　　　　　　　　　　表5-2

产品生命周期	资源与能源消耗	污染与公害	废弃物处理	生态平衡
产品材料选择	天然资源的大量耗损，及造成野生动物濒临绝种	应避免使用有害环境的材料，如含有毒物质造成河川、空气、土壤，甚至食物的污染	材料应用过于复杂，造成分类回收不易的困扰，且不易分解的废弃物造成庞大垃圾	容易造成臭氧层破坏，使其防止紫外线直射的能力丧失
产品与机械设计	复杂而耗电的不良机械设计除降低了产品本身效能，亦使有限的能源、资源无限地消耗	产品设计不符合人性操作使用，不具亲和力，以及功能设计不当，无法满足使用，产品容易被抛弃而造成环境污染和破坏	产品组件与材料分类无明确标示，造成替换零件不易维修及清理不便而缩短产品使用寿命，并且结构过于复杂不易拆卸，增加了废弃物处理的难度	不良的设计（包括操作、功能与造型等）容易造成破坏环境的输出物产生，导致生态无法持续地平衡发展
产品制造程序	生产制造程序本身大量使用资源与能源，若效率太低，则会导致大量资源的流失，造成浪费	过程所排放的废弃物、废水导致空气、水、土壤等污染，可能影响员工身心健康	工业废弃物的增加与处理带来高成本与低利润的劣势	过程中所排放的各种废弃物会导致温室效应及酸雨，并且废水会影响河川与沿海鱼类的生存

产品系统设计

产品生命周期	资源与能源消耗	污染与公害	废弃物处理	生态平衡
产品包装	过度包装造成材料资源的浪费	采用非纸材与有毒性材料包装，容易造成污染与公害	不易分解的包装导致大量垃圾的产生，并且包装材料过于复杂导致分类的不易	包装的材料过度印刷与装饰局造成水质污染，而影响生态的正常发展
产品运输分配	从原料、生产工厂、配销中心至使用者间的不当运送过程容易消耗大量能源，如石油	大量污染与公害伴随着产品交通运输的过程，如排放废气、产生噪声	运输过程中所使用的展板与货柜未妥善处理，容易造成资源浪费和环境空间的污染	运输工具所排放的废气、废油，需加以处理与管理，以免影响生态平衡
产品使用	产品在使用过程中消耗许多能源与资源，如家电产品的滤网使用与电力的消耗，产品应有节省能源和资源的装置	产品使用阶段有污染物的排放与噪声的产生，影响了生活环境的品质	产品购买狂热症及产品使用完即丢的心态，其大量消费与淘汰率高的现象，除了增加资源浪费，还导致固体废物处理的困难和社会成本的提高	产品使用时所排放的废气，如二氧化碳，导致温室效应并影响生态平衡及物种平衡

5.3.4 项目管理与设计定位

项目管理与设计定位，可以分为两部分内容：其一，是项目系统管理与设计分析，主要是结合项目系统管理及其分类观点，绘制出新产品项目系统的定位关系图，使整个项目团队对项目整体概念直观化、平台化；其二，是设计定位结论，需要通过语言或意向图等方式对新产品进行描述，其目的是指导产品设计阶段工作。

项目系统管理与设计分析，需要通过组织适合的设计师、工程师、财务员、业务员等建立一个专门的工作团队（简称"设计小组"），对设计项目进行高效的计划、组织、指导和控制，以实现设计项目全过程的整合、资源合理配置和设计项目目标的综合协调与优化。由于设计小组的成员都是从各个部门抽调出来的，因此需要有一个可视化的图表，把新项目的各要素定位信息呈现出来，计大家迅速达成共识，并处于同一个信息平台上工作。通常，我们使用可视化图形关系图来进行项目系统定位的分类信息呈现。比如，中国美术学院工业设计大三学生基于 SONY 品牌的 T 系列新型数码相机开发项目定位的一次设计实验（图 5-20）。

同时，我们需要通过简洁的文字，对新产品项目进行准确的描述。比如，SONY 相机设计小组的项目设计定位结论：传承索尼品牌，开发一款家长和孩子互动化、模块化、娱乐性的亲子相机。

项目系统设计定位是一种系统化的思维和陈述方式，是新产品设计的前奏与铺垫。通过该方法，设计的流程和思路变得有序化，项目定位的目标变得清晰化。基于项目系统设计定位研究的 SONY 亲子相

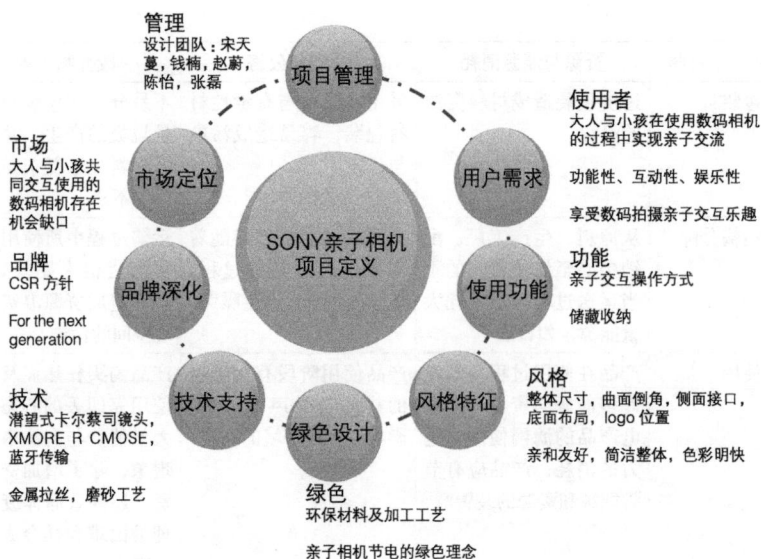

图5-20
新项目系统定义图谱案例

图5-21
SONY亲子相机的项目最
终设计方案

机项目设计实验,其成果最终取得了优秀设计的佳绩。如图5-21所示。

作业安排

1. 如何进行用户需求分析以及机会价值分析?
2. 选择一个企业品牌,进行新项目系统定位设计。

产品系统设计

第六章 产品系统与创新设计

【本章内容摘要】

从行业系统、企业系统、项目系统到产品系统，是一个由宏观至微观的推演过程，产品（系统）创新设计成为整个系统最终的结果输出。通过对产品创新设计要素、设计知识、设计思维方法的分析，对产品创新设计进行再思考，开展从问题到需求、寻真相定源点、设计过程创新、产品设计评价等四个方面的产品创新设计研究。本章的重点是产品创新设计方法与实践。

6.1 产品与产品系统

6.1.1 产品的概念

产品，是指能够提供给市场的、被人们使用和消费的，并能满足人们某种需求的任何东西，包括有形的物品、无形的服务、组织、观念或它们的组合。产品是一个概念范围极为广泛的名词，比如杭州打造的新的旅游产品"西溪湿地"、万科针对刚毕业的大学生推出的 15m² 的极小户型、宝马推出的新 X5 eDrive 插电式混动车、电信推出的网络电话服务、银行推出的各类理财产品等。从产品系统设计的角度看，产品可以大致分为狭义产品和广义产品两类。

狭义产品具有物质性的功效，同时具有使用价值和交换价值，即认为产品就是人们生产出来的物品，譬如，"产品"一词在《现代汉语词典》中就被定义为生产出来的物品，即：指工业化批量生产出来的物品。产品是根据社会和人们的需要，通过有目的的生产创造出来的物品，它是人类智慧的产物。根据这种理解，诸如家用电器、生活器具、交通工具等有形的实体存在物可以被认为是产品，这就把产品的定义局限于仅指称某种具有特定的物质形状和用途的实物生产成果，如图 6-1 所示。这也是我国改革开放 30 年以来，工业设计常常被称为"工业造型设计"的直接缘由。

随着社会经济的发展，企业品牌理念与服务内容不断深化，信息

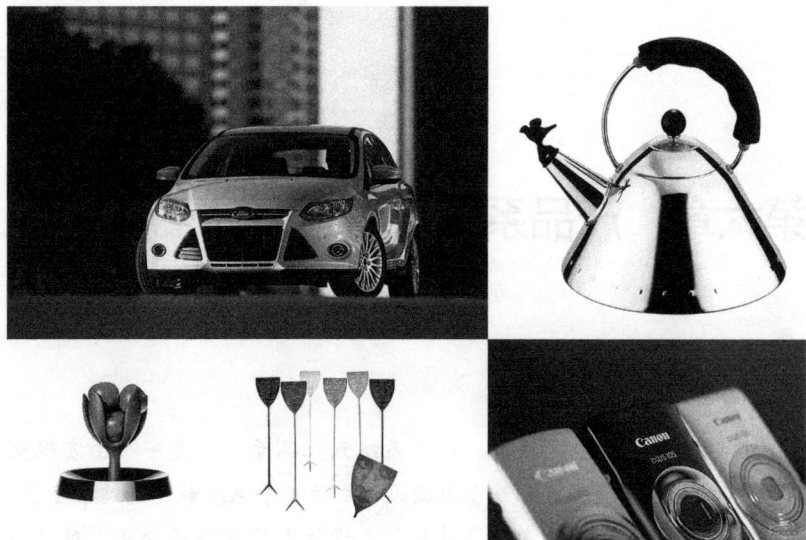

图6-1
狭义产品

化技术与应用不断推广，狭义的产品概念已经无法适应丰富的用户需求对产品内涵实质的要求，产品开始从有形走向无形、从物质走向非物质，形成更具广泛性的产品概念。广义的产品概念认为：产品包括有形的和无形的，凡是提供给市场的、消费者认为可以用价值来衡量的，或使用后能满足消费者某种需求、某种欲望的一切事物，都可称之为产品。譬如，iPhone（苹果手机）就将自己的产品定义为："有形属性和无形属性的统一体，它包括包装、展示销售、价格、生产商信誉、零售商信誉及生产商和销售商的服务等，比如苹果公司提供的下载平台 APP Stor，用户可以根据自己的需求下载不同的软件产品。"

概而言之，广义产品是指满足人们的需求、具有一定用途的物质产品和非物质形态服务的综合。主要包含以下三个方面，如图6-2所示。

（1）产品的内容。产品提供给消费者的功能或服务，即产品的内容。顾客购买某种产品，并不是为了获得这种产品本身，而是为了满

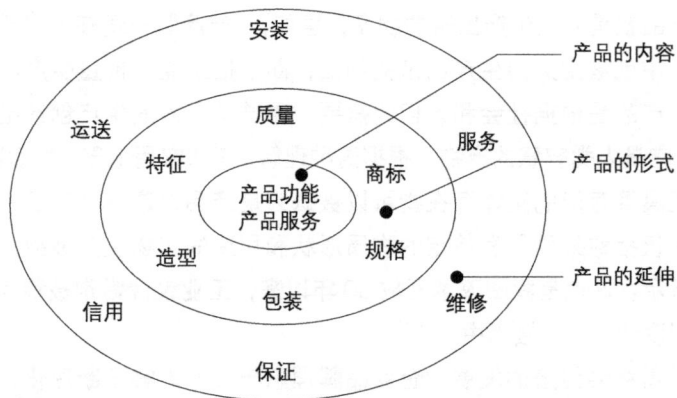

图6-2
广义产品构成要素图解

产品系统设计

足某种需要，例如，消费者购买冰箱并不是要买到由压缩机、冷凝器等元件组成的一个箱体，而是为了用这种电器去冷冻和储藏食品，满足人们生活内容的需要。人们在星巴克买一杯咖啡，不仅是为了喝咖啡，也为了享受整个星巴克所提供的服务与体验。

（2）产品的形式。指产品的形体和外在表现，即产品内容得以实现的形式，包括产品的质量、品种、花色、款式、规格、商标、包装等；产品的形式应能满足消费者心理上和精神上的某种要求。随着生活水平的提高和精神生活的丰富，人们将对产品的形式不断提出新的要求；在市场上，款式新颖、色泽宜人、包装精良的产品，往往能够获取顾客的青睐。

（3）产品的延伸。指产品的使用维修、咨询服务、分期付款、交货、售后服务等，是促进消费者购买欲望的有力措施。在体验经济时代，产品延伸部分有时也可以演变成企业的主体产品，比如从造汽车、卖汽车到提供汽车维修、检验、保养等一系列服务的4S店。其中，服务要素扮演的角色从产品的内容部分转变到了产品的延伸部分。

6.1.2 产品系统的概念

产品作为人类生活方式的物质载体，不是目的而是实现目的的手段，而任何一件产品都不是孤立存在的，都必须在特定的环境中通过与人和其他要素的联系，以系统的存在方式才能实现其功能意义。站在产品系统观的角度，结合上文所述狭义产品和广义产品的概念，产品系统可以分为产品本体系统和产品外部系统。

1. 产品本体系统

对于产品本身来说，产品可以视为具有某种结构和功能的个体，即由不同材料和工艺制造而成的部件构成的整体，也可以被视为一个由各种要素或子系统构成的自系统，即产品本体系统。产品本体系统的构成要素主要包括功能、结构、形式、材料、工艺、人机、颜色、标示等，如图6-3所示。

产品本体系统的要素和结构关系相对稳定，具有相对独立的系统功能。要素是构成产品本体系统的单元体，结构是若干要素相互联系、相互作用的方式和秩序，产品要素通过结构关联作用的目的就是产品系统功能的输出。例如，自行车，全车数百个零件以一定的造型、构造等连接方式，通过支撑系统、转向系统、传动系统、制动系统等子系统，形成完整的自行车产品本体系统。如

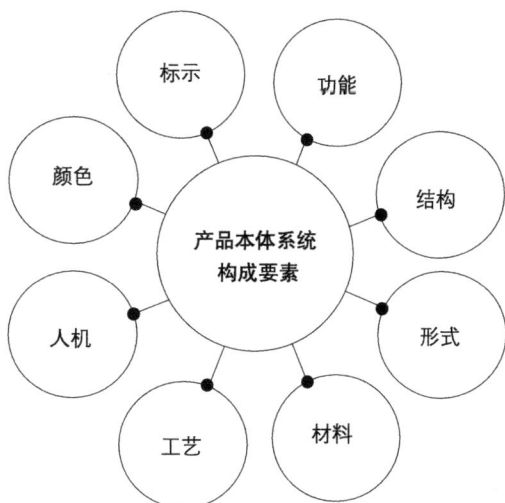

图6-3 产品本体系统构成要素图解

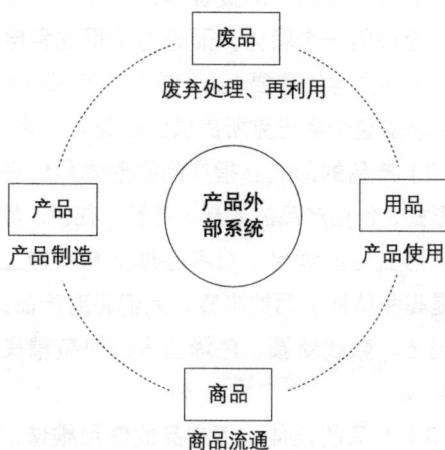

图6-4（左）
自行车
图6-5（右）
产品外部系统图解

图 6-4 所示。

2. 产品外部系统

每一个产品都必须在一定的环境中使用，才能体现其功能意义。因此，我们不仅应该关心产品的本体系统，更应该研究产品与其外部环境之间的关系；开展全面的设计与分析，对产品从生产制造、商业流通、产品使用到废弃处理、再利用等各个环节，进行从产品、商品、用品到废品整个产品生命周期的产品外部系统设计。如图 6-5 所示。

产品外部系统的影响因素是多方面的，诸如市场销售环境、消费者状况（包括年龄、性别、消费理念、文化品位、风俗习惯等）、国家政策法规等，这些都可能对产品功能的实现产生影响。同时，产品实现其功能的过程，往往是产品与不同生活方式的人之间交互作用的过程，这就要求我们必须重视产品与外部环境之间的联系、制约、均衡等动态关系，综合考察产品所涉及的诸多问题。

从产品本体系统到产品外部系统，参照系统分类学（Systematic，研究物种的演化历史，以及它与其他物种间的关系的学科）的方法，也可以分为产品个体、产品族、产品系列化等关系，如图 6-6 所示。

图6-6
参照系统分类学的产品个体、产品族与产品系列化关系示意图

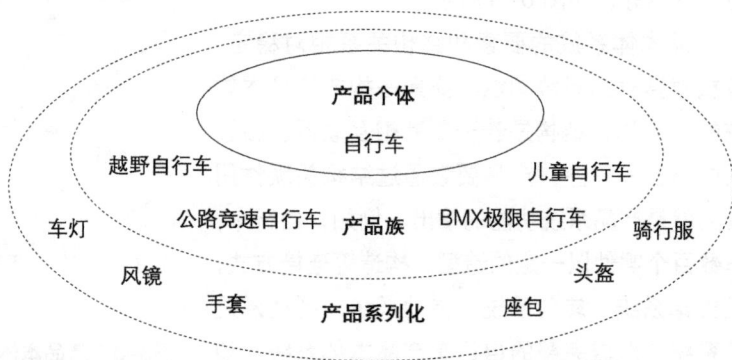

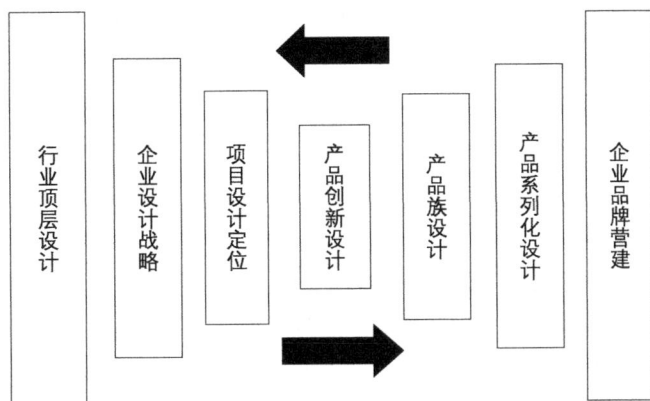

图6-7
产品系统设计关系

其中，产品族与产品系列化的内容在本书第 7 章有详细阐述，本节不作具体展开。

至此，本书从行业系统、企业系统、项目系统到产品系统，由宏观至微观，产品系统成了整个大系统的结果输出；从行业顶层设计、企业设计战略、项目设计定位到产品创新设计，是一个系统聚焦的过程，再从产品、产品族、产品系列化到企业品牌，又是一个系统扩展的过程。所以，产品（系统）的创新设计，实质上是整个大系统的纽带与核心，也是体现各种因素复杂交织的集合点。如图 6-7 所示。

6.2 产品创新设计方法

6.2.1 产品创新设计要素

基于产品（系统）的创新设计，从产品本体系统到产品外部系统构成了一个复杂的工作体系，包含功能、结构、形式、材料、工艺、人机、颜色、标示、品牌、市场、销售、消费者、文化、风俗习惯、产品生命周期以及国家政策法规等诸多产品构成要素，产品创新就是围绕着这些产品要素展开设计活动的。

参照"80/20 法则"，由于目标价值、技术水平、成本价格、环境保护等设计条件的不同，在设计中诸多产品构成要素的重要性是有差别的，是生而不平等的；这便需要设计对事物的主要问题和次要问题进行梳理、归类，形成适合设计活动规律的产品创新设计要素。

但是，设计总是在设计师、用户群、行业圈与产品族之间游走、交织，由于设计活动参与的人的不同、设计造物对象的属性差别等，很难形成统一、固定的产品创新设计要素。纵观德国 IF（International Forum Design）、红点（Red Dot）、日本 G-Mark（Good Design Award）、美国 IDEA（Industrial Design Excellence Awards）等国际顶级工业设计创新奖对于产品创新设计要素的认识和评价标准也并不相同，均有不同的思路角度和重心偏差。

德国IF由德国汉诺威国际论坛设计有限公司主办,诞生于1953年,至今已有60余年的悠久历史了,在国际工业设计领域更素有"设计奥斯卡"的美誉。IF坚持精益求精的"评审法则"（即评审标准），提倡设计创新理念，其评审的创新设计要素既包括美观性、产品质量、材质的选择、技术革新、功能性等产品属性，也包括人类工程学、安全性、环保对策、耐用性等用户体验属性的各项明确指标。

比如，"Original Green Cup"（图6-8）。通过对于新材料的创新运用，以及对产品全生命周期环境影响的关注，使其一举获得2013德国IF设计大奖。这一款环保杯,与咖啡店所使用的杯子类似。杯口"V"形缺口设计可避免整个茶包掉进杯子里。Original Green Cup以100%生物可分解玉米淀粉塑料（在韩国通过认证）所制造，装热水时不会释出环境荷尔蒙;此种材料经掩埋即可分解，燃烧时也不会产生有害气体，印刷时使用德国的RoHS墨水，所有制程都经过仔细的生命周期评价。包装材料采用100%回收纸，设计并结合各种构想（如托盘和杯架等），以减少废弃物的产生。

德国红点由德国著名设计协会于1955年创立，红点强调：①革新度，产品设计概念是否本身属于创新？或是属于现存产品的新的更让人期待的延伸补充？②美观性，产品设计概念的外形是否悦目？③实现的可能性，现代科技是否允许设计概念的实现？如果目前科技程度达不到实现设计概念的程度，那么未来一至三年里是否有可能实现？④功能性和用途，设计概念是否符合操作、使用、安全及维护方面的

图6-8
2013IF设计大奖"Original Green Cup"

产品系统设计

所有需求？是否满足一种需求或功能？⑤生产效率与生产成本，设计概念是否能以合理的成本生产出来？⑥人体工程学和与人之间的互动，产品概念是否适用于终端使用者的人体构造及精神条件？⑦情感内容，除了眼前的实际用途，产品概念是否能提供感官品质、情感依托或其他有趣的用法？⑧保护知识产权，在得知参赛结果和公布结果之间，将预留足够的时间来给获奖者申请保护获奖设计概念。参加红点竞赛不会使参赛者的知识产权受到损害。

比如，雷诺 Twizy（图 6-9）。在德国埃森市阿尔托剧院举行的 2012 年红点设计大奖颁奖仪式上，雷诺纯电动车 Twizy 凭借极富表现力的设计、灵活的操控性、高安全性和革命性的人体工程学理念，从 4515 项同类参赛产品中脱颖而出，荣获由 30 名国际专家组成的评审团选出的"最佳产品设计"大奖。

日本 G-Mark 创立于 1957 年，也是日本国内唯一综合性的设计评价与推荐制度，通称为 G-Mark，中文称之为日本优良设计大奖，是"魅力设计"和"高贵品质"的代名词。G-Mark 关注：产品本身的美观性、安全性、原创性、吸引力，是否考虑到消费者的想法与需求？是否符合使用环境？价值是否符合定价？是否有很好的功能与效能表现？是否符合使用者友善的设计？

比如，G-Mark 的获奖作品（图 6-10）。我们可以从图中的这些获奖作品中体会 G-Mark 的主张，既包括针对产品本身美观性、产品质量、材质选择、技术革新、功能性等产品构成要素，也包括与产品相关联的人类工程学、安全性、环保对策、耐用性等用户体验要素。

美国 IDEA 是由美国商业周刊（Business Week）主办、美国工业设计师协会（Industrial Designers Society of America）担任评审的工

图6-9　Twizy

图6-10　G-Mark获奖设计

业设计竞赛，成立于 1979 年，作为美国主持的唯一的一项世界性工业设计大奖，自由创新的主题得到了很好的突出。IDEA 注重：设计的创新性，对用户的价值，是否符合生态学原理，生产的环保性，适当的美观性和视觉上的吸引力。

比如，2012 年 XPal Power 公司在美国拉斯维加斯举行的 CES2012 电子产品展上发布的"SpareOne"手机（图 6-11）。该产品使用 AA 电池，具有超强的续航能力，据官方声称如果只用于通话，其寿命可长达 15 年；同时，在 2012 年 IDEA 工业设计竞赛中获得优秀设计奖。

综上所述，IF、Red Dot、G-Mark、IDEA 等对创新设计均呈现出一种综合性、系统化的思考，本书则从行业系统、企业系统、项目系统、产品系统的角度出发，把多种多样、内涵丰富、彼此关联的创新要素，归纳梳理为一个以需求为导向的产品创新设计要素系统：需求性、创新性、功能性、美观性、可行性、经济性等六个方面，如图 6-12 所示。

（1）需求性要素，是指产品创新活动始终是围绕着社会与市场的需求进行的，按需设计既强调现在的市场价值，也关注未来社会的前瞻价值。

（2）创新性要素，指一个新产品的独创价值，优于同类产品的特点，解决了同类产品不能解决的问题，或者用更好的办法解决了目标问题等。

（3）功能性要素，产品使用功能的价值是产品的重要属性之一，只有好用、可用的产品才能真正提升产品的价值。

（4）美观性要素，指产品的外在美观性，是产品内部系统的表现形式，产品造型、材料、颜色是产品创新设计需考虑的因素。

（5）可行性要素，指产品的可实现性，技术是产品创新的基础，

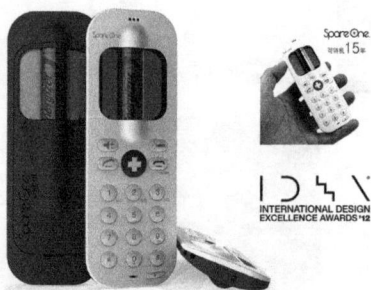

图6-11
2012IDEA获奖设计"Spare One"

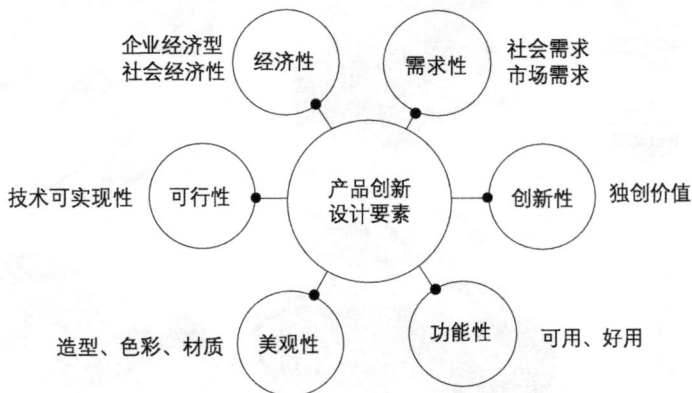

图6-12
产品创新设计要素图解

产品系统设计

良好的技术支持是获得更好的产品设计的前提和基础，具有可实现性的新技术能够使产品的各种要素得到更好的价值实现。

（6）经济性要素，关于经济性要素可以从企业和社会两个主体出发思考：一方面，是指以企业为主体，在其新产品开发设计过程中，对生产成本如材料、工艺、结构等方面经济的综合平衡。另一方面，是以社会为主体，所有企业在新产品开发设计中，必须注意"小家"与"大家"之间的关系，考虑所有企业共同生存的社会环境的经济性要求。

6.2.2　产品创新设计知识

显而易见，要深入理解诸多的产品创新设计要素，必须对这些要素及其背后的学科知识进行了解和学习，继而通过合适的设计方法，开展产品创新设计活动。

设计学科的交叉性特征，在上述的产品创新设计诸要素中已可以清晰地看到，包括了极大范围的、与设计关联的学科，如：艺术学、社会学、哲学、经济学、管理学、城市学、结构学、材料学、控制论、信息论、运筹学、系统工程学等，这的确是一个庞大的知识体系。

尽管我们说知识就是力量，但这并不意味着，一个设计师必须掌握所有的这些知识才能做设计，事实上，那也是不可能做到的一件事。设计学科的交叉性，一方面是学科自身属性的内容，另一方面也是设计活动遭遇问题时的知识诉求所致。我们常说：设计就是解决问题。而设计每次遭遇的问题都会有各自的专项要求，及其背后需要的相关知识支撑，所以，对设计知识，我们应该在了解相关学科知识普遍规律的基础上，重点学习、掌握所从事行业的专业领域知识。

对于企业的新产品开发而言，也同样如此。相对而言，企业会更加关注行业与市场的变化、企业管理与品牌的建设、用户与消费者的态度、工业制造与计算机信息技术的发展、产品创新设计的理论与实践等方面内容，于是，随着企业的发展逐步形成一个更加具有针对性、目的性的设计知识体系。面向企业产品创新设计的知识体系主要包含如下八个方面，如图6-13所示：

（1）市场研究，含行业经济分析、市场需求、商业环境、竞争对手、盈利分析、销售渠道与模式、其他等；

（2）企业管理，含企业发展战略、企业宗旨、经营策略、项目管理、人力资源、资金与设备、其他等；

（3）品牌建设，含品牌驱动、品牌理念、品牌承诺、品牌价值、品牌识别、品牌产品、品牌衍生物、其他等；

（4）用户研究，含用户调研、情景实验、数据分析、用户模型、思维模型、认知心理学、消费心理学、其他等；

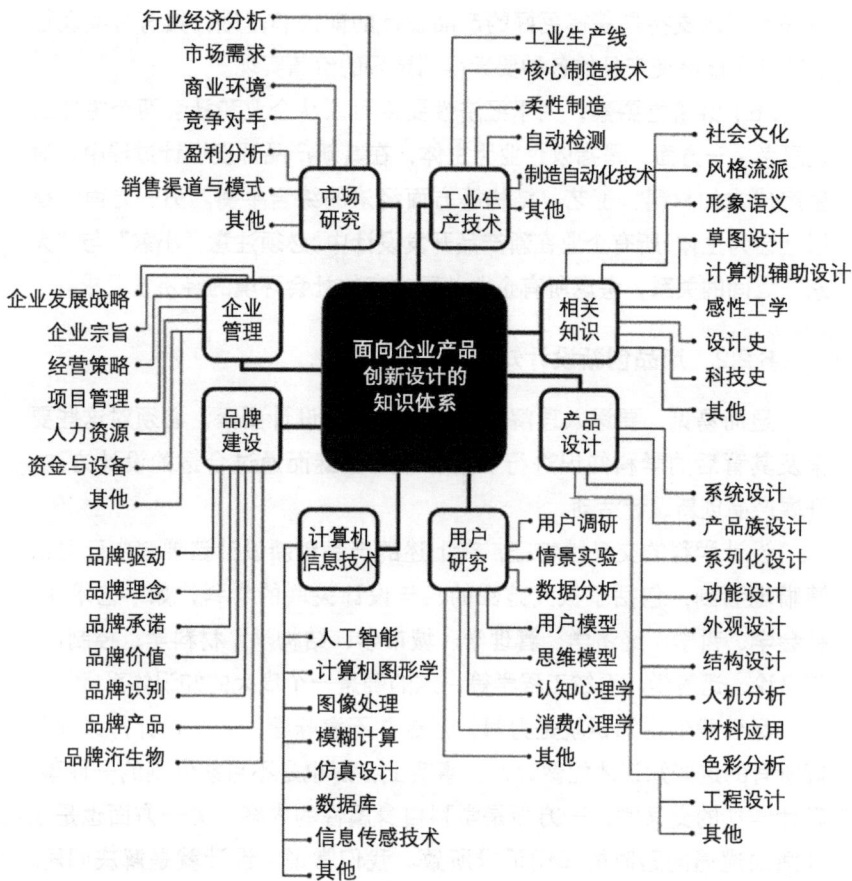

图6-13
面向企业产品创新设计的知识体系

行业经济分析
市场需求
商业环境
竞争对手
盈利分析
销售渠道与模式
其他

工业生产线
核心制造技术
柔性制造
自动检测
制造自动化技术
其他

社会文化
风格流派
形象语义
草图设计
计算机辅助设计
感性工学
设计史
科技史
其他

市场研究

工业生产技术

相关知识

企业发展战略
企业宗旨
经营策略
项目管理
人力资源
资金与设备
其他

企业管理

品牌建设

面向企业产品创新设计的知识体系

产品设计

品牌驱动
品牌理念
品牌承诺
品牌价值
品牌识别
品牌产品
品牌衍生物

计算机信息技术

用户研究

用户调研
情景实验
数据分析
用户模型
思维模型
认知心理学
消费心理学
其他

系统设计
产品族设计
系列化设计
功能设计
外观设计
结构设计
人机分析
材料应用
色彩分析
工程设计
其他

人工智能
计算机图形学
图像处理
模糊计算
仿真设计
数据库
信息传感技术
其他

（5）工业生产技术，含工业生产线、核心制造技术、柔性制造、自动检测、制造自动化技术、其他等；

（6）计算机信息技术，含人工智能、计算机图形学、图像处理、模糊计算、仿真设计、数据库、信息传感技术、其他等；

（7）产品设计，含系统设计、产品族设计、系列化设计、功能设计、外观设计、结构设计、人机分析、材料应用、色彩分析、工程设计、其他等；

（8）相关知识，含社会文化、风格流派、形象语义、草图设计、计算机辅助设计、感性工学、设计史、科技史、其他等。

同时，设计知识本身随着社会和市场的变化而变化，不存在一成不变的知识，企业及其团队若要借助并充分发挥这个知识体系的力量，建立一种综合性系统创新实践体系，是一件相当不易之事。

正如，著名经济学家约瑟夫·熊彼特所倡导的创新理论所说：企业家是推动经济发展的主体，企业家的本质是创新。苹果在市场研究、企业管理、品牌建设、用户研究、工业生产、信息技术、产品创新设计的理论与实践等方面的知识积累与探索，也是经历了漫长的时间不断地创新发展，才有了现在的成就的。比如，苹果公司较早放弃了相对传统的集设计、制造、营销于一体的经营方式，产品的设计、制造、组装最大限度地采取生产分割和外购的方式进行，有效地控制了产品成本；同时，尤为注重研发积累，在其 5 万名员工中研发人员占了 10%，2010 年研发投入 14 亿美元，硬件研发占 61%，系统软件占 27%，应用软件占 12%。在市场创新方面，苹果公司坚持全球一体化战略，不遗余力的特色营销。在项目资源配置方面，"产品 + 内容"的商业模式是苹果产品创新设计的获胜之道，其最成功的是 "iPod+iTunes"、"iPhone+ 应用程序商店 + 分销平台"的商业模式创新。在企业管理创新方面，乔布斯推崇小型的 "A 级工作组"，由精选的设计师、程序员和管理人员组成的 "A 级小组"，追求组织机构扁平化、简单直接、高效高回报。

6.2.3　产品创新设计方法

我们常说：学设计就是学方法。关于方法的学习大概是学习设计各环节中最重要的一项内容。方法，其含义较为广泛，一般是指为获得某种东西或达到某种目的而采取的手段与行为方式；方法在哲学、科学及生活中有着不同的解释与定义。

一般，现代设计方法是指随着当代科学技术的飞速发展和计算机技术的广泛应用而在设计领域发展起来的一门新兴的多元交叉学科，是以设计产品为目标的知识群体的总称。其设计方法可以包括：优化设计、可靠性设计、计算机辅助设计、虚拟设计、疲劳设计、三次设计、相似性设计、模块化设计、反求工程设计、动态设计、有限元法、人机工程、价值工程、并行工程、人工神经元计算方法等。

显然，这里的现代设计方法是更接近科学、工程设计领域的概念，与一般的工业设计方法、艺术设计方法是两个并不相同的概念。借用老子的话："授人以鱼，不如授人以渔。"事实上，我们常说的产品设计方法，主要是指产品设计思维方法，比如：头脑风暴法、思维导图法、举例法、设问法、类比法、组合法、借用专利法、还原创造法、价值机会法、逆向思维法、情景故事法、SET 因素分析法、移向右上角分析法、按需设计法等。

产品设计思维方法主要呈现两种思维状态的方法类型：平台发散类、系统导引类。前者更像是一个平台，设计师可以在其上进行设计自由飞翔的平台，如头脑风暴法、思维导图法；后者更接近一个系统，设计师可以在其导引下进行设计推演聚焦的系统，如还原创造法、价值机会法、逆向思维法、情景故事法、SET 因素分析法、移向右上角分析法、按需设计法以及产品系统设计方法等。同时，这种设计思维

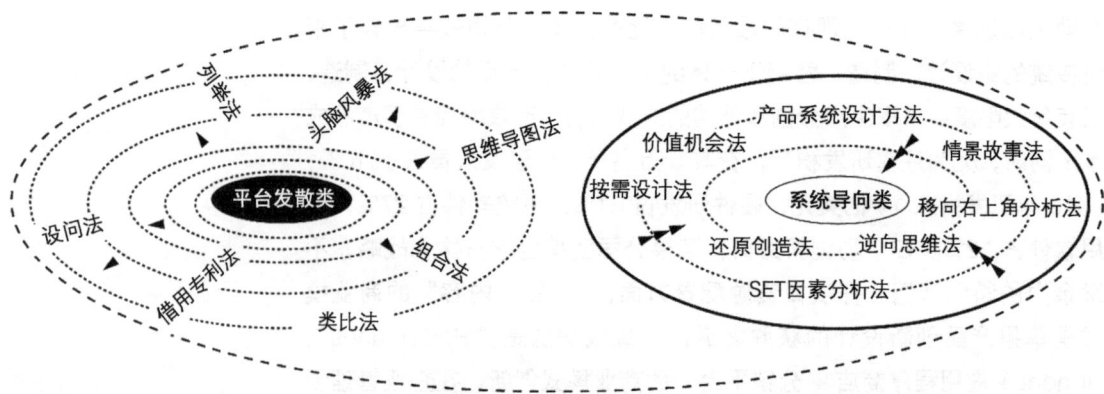

图6-14
思维发散与聚集

的发散或聚焦都不是孤立的、绝对的，两者往往你中有我、我中有你，而且还会发生互相之间的角色转换等情况。如图 6-14 所示。

1. 平台发散类·设计思维方法

著名设计公司 IDEO 的总裁说：设计思维就是运用设计师的敏锐感觉和专业方法，根据人们的需求，以技术上和商业上都可行的方式进行发明创造，为客户创造价值，给公司带来市场机遇。在学习设计的过程中，仅凭天赋、灵感而无正确的设计思维方法作指导是难以真正领悟设计的真谛的。

在日常设计活动中，我们可以利用平台发散类设计法，比如：头脑风暴法、思维导图法、举例法、设问法、类比法和组合法等，把这些设计思维方法作为一种设计创作驰骋的专业平台，充分自由地发挥设计师敏锐的、丰富的设计想象力。在这里，我们简要介绍其中的头脑风暴法、思维导图法。

1）头脑风暴法（图 6-15、图 6-16）

头脑风暴法（Brain Storming）由美国学者阿历克斯·奥斯本于

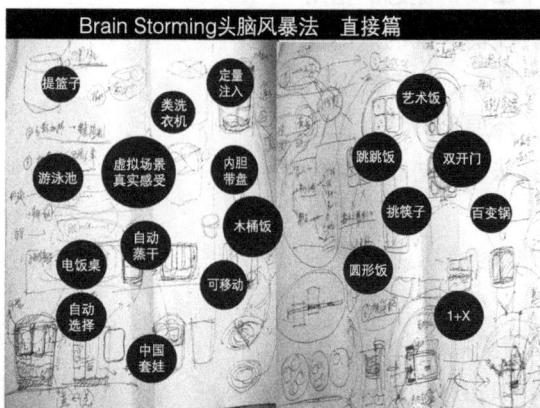

图6-15
头脑风暴法——直接篇

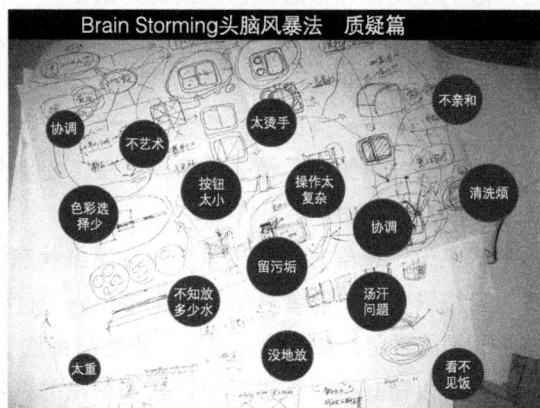

图6-16
头脑风暴法——质疑篇

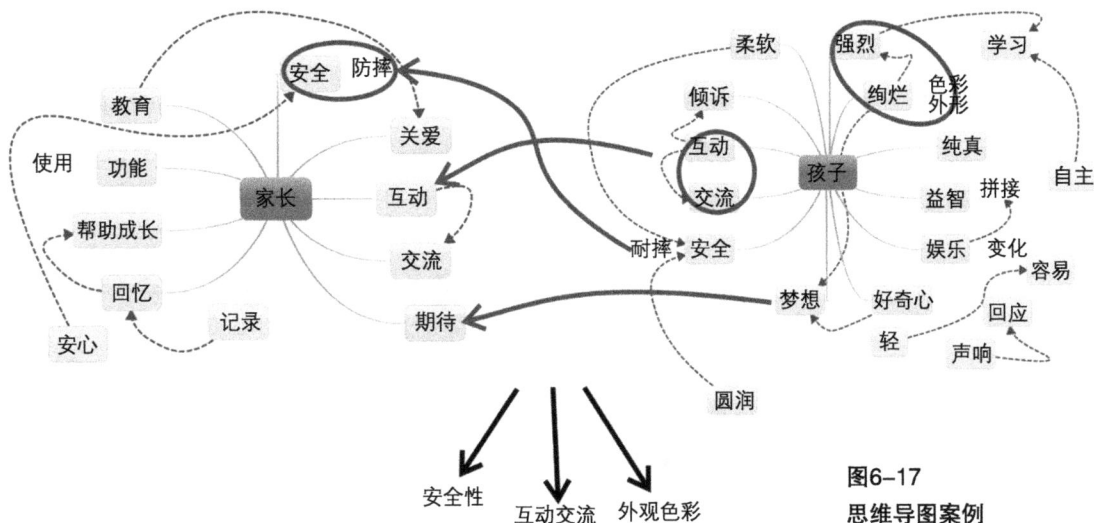

图6-17
思维导图案例

1938 年提出，可分为直接头脑风暴法和质疑头脑风暴法。前者是在专家群体决策的基础上尽可能地激发创造性，产生尽可能多的设想的方法；后者则是对前者提出的设想、方案逐一质疑，发现其现实可行性的方法。这是一种集体开发创造性思维的方法，在运用头脑风暴法时，所有的参与者都不得对他人提出的想法进行当场否定，给予人们最大的自由发挥空间。

2）思维导图法（图 6-17）

思维导图又叫心智图、概念图（Mind Map），是一种表达发射性思维的有效的图形思维工具，协助人们在科学与艺术、逻辑与想象之间平衡发展，从而开启人类大脑的无限潜能。思维导图是一种将放射性思考具体化的方法，每一种进入大脑的资料，不论是感觉、记忆或是想法，包括文字、数字、符码、食物、香气、线条、颜色、意象、节奏、音符等，都可以成为一个思考中心，并由此中心向外发散出成千上万的关节点，每一个关节点代表与中心主题的一个联结，而每一个联结又可以成为另一个中心主题，再向外发散出成千上万的关节点。

2. 系统导向类·设计思维方法

上述头脑风暴法、思维导图法等平台发散类设计法的优点无疑是在迅速激发设计师的想法，对创意的灵光闪现起到极大的辅助作用，但是，它们也存在相对无序化、无明确方向、无清晰线索等缺点。对整个设计来说，往往还需要能够从大量的相关信息中找到设计的方向、设计的线索等，如还原创造法、价值机会法、逆向思维法、情景故事法、SET 因素分析法、按需设计法以及产品系统设计方法等系统导向类设计法。在这里，我们主要简要介绍其中的移向右上角和情景故事法。

1）移向右上角

Jonathan Cagan、Craig M.Vogel 在《创造突破性产品》一书中谈到，产品开发就像攀登运动一样，每个企业或者设计师都必须在这个陡峭的悬壁上，找到指向成功攀登价值高峰的方向；但往往会因为找不到理想的方法和手段而失败，而"移向右上角"能够帮助你成功地到达那里。

"移向右上角"的目标追求的是造型和技术的成功结合，因为，在产品历史中，所有突破性产品都是通过融合造型和技术而取得成功的，如图 6-18 所示。右上角的产品很好地结合了造型和技术，给产品注入了第三维的价值因素，并将产品的生活方式影响力、功能特征和人机工程学效用最大化，同时，这要求企业战略性地投入并执行以用户为中心的新产品整合开发过程。

2）情景故事法

情景故事法又称剧本法（Scenario），是产品设计的常用方法之一，其目的是将使用者的特性、事件、产品与环境之间的关系，透过想象描述、体验未来的使用情景，以有助于产品设计方案的提出。一般认为，情境故事法最早是英国 ID TWO 设计公司与美国设计公司 Richardson & Smith 在开发影印机面板设计时所用的方法。

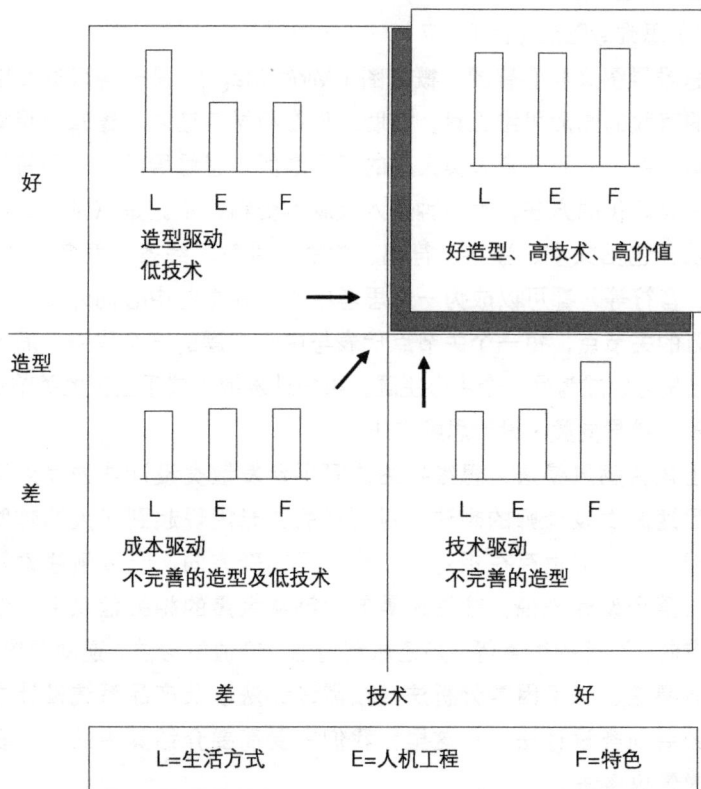

图6-18
移向右上角示意图

096

产品系统设计

我们说，设计是一件事。情景故事法就是关于设计这件事的一种朴素的设计方法，它通过生活形态、社会、市场、技术、使用者面貌、剧本地图等分析解读，以"起、承、转、合"的引导方式，以"人、事、时、地、物"的线索，建构一定的故事程序和剧本方案，设计者进入其背景氛围之中，完成以使用者为中心的设计体验与分析。

情景故事法有两个重要特性：①它是有顺序地描述一个过程、一些动作和事件；②它是以叙述方式对活动作有形的描述，并依照时间顺序将一些动作、事件的片段串联起来。如图6-19所示。

从头脑风暴法、思维导图法、移向右上角到情景故事法，只是简单介绍了设计中比较常用的一部分方法，关于产品设计思维方法还有很多可以探讨的，这里不作一一赘述，详见本教材系列中的《产品设计程序与实践方法》。

从根本上讲，设计是一项富于创新性和复杂性的综合性工作，设计方法是为了拓宽设计师思维的深度和广度，提高设计工作的系统缜密性和创新活跃度，帮助设计师在设计过程中更好地发现问题、分析问题、解决问题的手段，最终提高设计的成功率。

方法、现代设计方法、产品设计思维方法具有根源上的包容性、相通性关系，三者都属于产品创新设计方法研究领域。产品设计思维方法在发展演绎过程中，借鉴和引入了众多更具科学性的现代设计方法，反之亦然，两者之间呈现动态变化、交互影响的发展状态。如果，我们把方法看成是整个大脑，那么，现代设计方法是具有科学理性的、严密计算的左脑，产品设计思维方法是具有人文理性的、弹性有机的

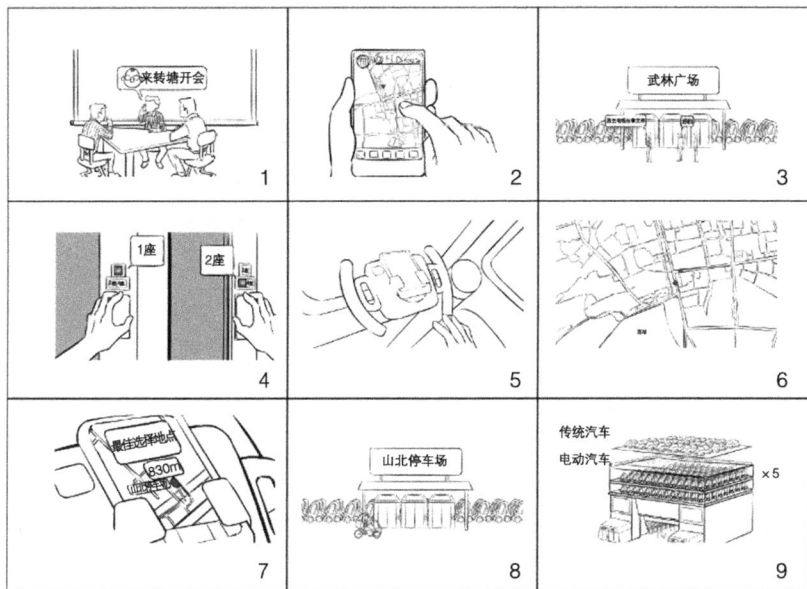

图6-19
城市公租电动车设计故事
情境分析案例

图6-20
左右脑思维方式图解

右脑；其中，产品系统设计方法处在两者的交叉处，既有科学理性又有人文理性。如图 6-20 所示。

在实际的产品创新设计工作中，经常出现科学理性的现代设计方法和人文理性的产品设计思维方法综合应用的情况。这里，我们需要注意的是：方法是死的，人是活的，项目也是不定而多变的；重要的不是方法本身，而是面对不同项目合理地、综合地运用各种方法，以最终实现产品创新设计的成功。

6.3 产品创新设计研究与实践

6.3.1 从问题到需求

设计从开始便会伴随着"这个设计解决什么问题"之类的声音，于是，我们说：设计就是发现问题、分析问题、解决问题。久而久之，这似乎成了一个绝对真理，一种被固化的客观定律或设计公式。

什么是问题？这个问题一下子提出来，会让人觉得不知所云，不知从何回答，尽管，我们习惯在工作、生活中不断地谈问题、说问题、讲问题，乃至被问题所包围着，看上去对问题非常熟知；然而，由于问题具有心理学、思维学、语言学等多维度关联性，关于问题的问题，在思考过程中往往会呈现一种状态："我们始于迷惘，终于更高水平的迷惘"。

站在日常生活的角度，简要地说，问题是指需要解决还没有解决的事。这种解决在实际上存在一个有形的或无形的预期标准，诸如平常所讲的问题、反映的问题、调查的问题、听到的问题等，几乎都与目标不清、标准模糊相关，而标准本身不能解决问题，只能判断问题原因所在；另外，由于标准是由人所制定的，标准本身就未必正确且还会有多样化的答案，那么，问题的解决就更容易变得无所适从。由此，我们认为：问题是标准（预期）与实际结果之间的差异，具有广泛性、多样性、模糊定向性等特点。

正如前文所说：设计是一件事，一件包含"人、场、物"的事，而"人"又包含了"设计师、用户群、行业圈"等各种各样身份、角色、目的、价值观、需求的人，所以，设计本身是一种复杂的、动态变化的活动。尤其，今天当我们在市场中进行设计服务活动时，简单恪守自包豪斯时代便出现的以"问题"为中心的设计观，往往不能及时应对社会潮流、市场需求、消费者态度等快速的变化。实际上，设计从人、事、场、物等都一直处在一种不断变化、活的状态，这里需要有一个对"问题"内涵的活化认识。

需求，就其基本意义讲是需要与欲求的意思；需要是机体的一种客观需要，而欲求则是一种主观需要。在心理学中，需求是指人体内部一种不平衡的状态，对维持发展生命所必须的客观条件的反应。在经济学中，需求可以用一个公式来表示：需求 = 购买欲望 + 购买力，欲望是人类某种需要的具体体现，如你饿了要吃饭、没衣服穿了要买衣服等，需求是一种天然的属性，需求不能被创造，只能被挖掘和发现。在企业中，产品创新设计是一个发现需求、回应需求进而解决问题的过程，而企业产品设计整体战略与营销就是对这个过程的引导、管理与决策，使之更富有效率，并创造价值最大化。

在企业进行产品创新设计时，实际上使用得更为频繁的词语是"需求"，诸如市场需求、企业需求、用户需求等，当然，你也可以认为是市场问题、企业问题、用户问题等，但是，应注意两者在设计语境导向上存在不同之处。

"问题"更倾向于一种哲学层面的思考，"需求"更具市场经济领域的属性。从包豪斯开始的欧洲设计，一直在强调以"问题"为中心的设计观念，而美国设计从二战后的"样式设计"开始便具有鲜明的市场需求导向特征。前者，是一个相对客观、中立的概念，存在某种不定性、多向性和思辨性；后者，体现出一种市场经济驱动下的企业主体意愿与需求，具有一种"我想要的……"主动性积极因子。

比如，请你回忆一下：最后一次愉快地坐飞机是什么时候？也许你会说，没有！如今航空公司都在尽量节约成本，压缩舱内空间以获得更多的乘客座位，头等舱也不例外。乏味的食物，还有已经似乎是理所当然的飞机晚点煎熬，如此种种，使你希望能早点结束这种严酷的飞行考验。这里反映的就是航空领域市场的需求和潜在的机会。

维珍大西洋航空（Virgin Atlantic Airways Ltd.）积极面对这种"需求"，其从一开始就致力于以客户为中心不断推出别具一格或引领潮流的服务产品。维珍航空希望在飞行过程中能提供一种愉快的体验,比如,对于头等舱的设计,维珍航空没有减少头等舱的座位,而是找一种能使顾客完全躺下来的布局。当往后调座位的时候,一般的座位不是碰到后排的乘客就是撞到舱壁。维珍的首席设计师乔·费里（Joe Ferry）在"灵感闪现的时刻"意识到:如果乘客从座位起身,按下一个按钮,使得靠背向前折叠,与前方的搁脚凳齐平,这样在节省宝贵的舱内空间的同时,也为平躺提供了足够的长度。在 2003 年,这个设计一经推出便成为维珍取胜的法宝,乘客的满意度大幅提高;该座椅还获得了英国商业设计协会（Design Business Association）,还有设计杂志如《壁纸》《工业设计》等的多个奖项,而最重要的是市场份额的变化,能产生高额利润的远程头等舱客户增加了 10%。维珍航空舒适的飞行体验创新设计,不仅仅是头等舱,也包括商务舱、经济舱,以及相关各种飞行过程中的服务。如图 6-21~ 图 6-23 所示。

再如,我们在最近与美国麻省理工学院媒体实验室（MIT Media Lab）的合作交流中,一方面,对世界排名第一的麻省理工学院取得的成绩深感敬佩,学院 1000 多个教师有 70 多个诺贝尔奖获得者,每年有 10000 多项科研在进行中,所创造的 GAP 按国家排名仅在意大利之后位列第 8 名! 另一方面,深切体会到其对于产业发展需求的重视度,麻省理工学院强调多学科、大跨度、高层次、协同创新、实现快速产业化;近十年来,麻省理工学院媒体实验室从教学、研究、实践等方面,一直在倡导、坚持、实践"按需设计"（DOD, Design on Demand）理念。所谓按需设计,是面向社会和市场的需求导向,以发现需求、分析需求、解决问题的方式,开展产品创新设计方法的模式。

一般的需求分析方法可以分为三类:面向过程（自上向下分解）、信息工程（数据驱动、数据流分析、结构化分析）、面向对象（对象驱动）。对于企业的产品创新设计来说,这里的需求主要是指用户需求,

图6-21
维珍大西洋航空公司休息区

图6-22
维珍大西洋航空公司商务舱

图6-23
新加坡航空公司的空中超级巨无霸（维珍大西洋航空公司在2013年接到第一架A380）

是指对于用户对象需要解决的问题，进行详细的分析，弄清楚问题的要求，包括需要输入什么数据，要得到什么结果，最后应该输出什么；这是产品设计中具有决策性、方向性、策略性的工作内容。

由于需求分析的目标和类型不同，其具体方法工具也多种多样，比如客户需求分析法（$APPEALS）、软件需求分析法（SRA）、质量功能展开方法（QFQ）、模糊聚类分析法（Kano）等。其中，Kano分析法模型是与产品性能有关的用户满意度模型，该模型能很好地识别用户需求，并对于用户需求进行分类，体现了用户满意度与产品质量特征之间的关系。Kano定义了三个层次的用户需求：基本型需求、期望型需求和兴奋型需求。①基本型需求是顾客认为产品"必须有"的属性或功能。②期望型需求要求提供的产品或服务比较优秀，但并不是"必须"的产品属性或服务行为，有些期望型需求顾客自身并不太清楚，但其实是他们希望得到的。③兴奋型需求要求提供给顾客一些完全出乎意料的产品属性或服务行为，使顾客产生惊喜，从而提高顾客的忠诚度，这也成为当代企业新产品开发的重要思路。一般来说，Kano包括需求获取、需求分类、需求重组、需求转换等四个主要环节，如图6-24所示。

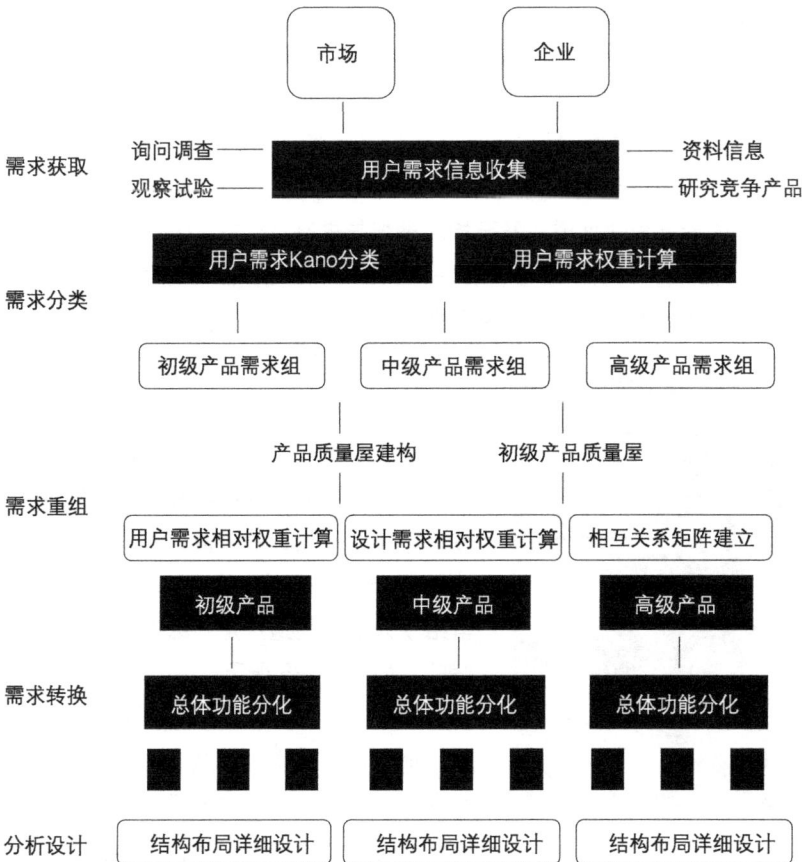

图6-24
Kano分析法图解

Kano 模型不是一个测量顾客满意度的模型,而是对顾客需求或者对绩效指标的分类,通常在满意度评价工作前期作为辅助研究模型,该模型的目的是通过对顾客的不同需求进行区分处理,帮助企业找出提高企业顾客满意度的切入点。

综上所述,对于企业的产品创新设计而言,从"问题导向"转向"需求导向"是一种面向市场的主动性、系统化的产品创新设计实践体系。我们应该直面问题,强调按需设计,建构设计源点,开展设计过程与分析,进而完成设计实践。

6.3.2 寻真相定源点

在每一个设计开始的时候,或者是在每一个设计阶段(无论是行业顶层设计、企业设计战略、项目设计定位,还是产品创新设计)进入的时候,通常,设计师会习惯性地去思考一件事:事情真的是这样的吗?个人以为,这是设计师的一种本能,也是一种负责的设计态度和设计精神。

我们究竟为什么设计或是设计实验?除了学生为了做作业、拿分数,职工为了做工作、拿薪水等基本自我生活的需要以外,我们说,设计就是为了探求一个事情的真相,这个真相可以视为设计的源点,设计的过程、结果便随之展开。当然,每一个设计项目或是设计阶段的任务不同,事情的真相便不同。

对真相的理解,见仁见智。我们认为所谓真相,是针对已知存在的思辨与探索,研究其背后发生的内在根源,目的是为了找到更合理、更正确的设计解决之道,乃至指向理想与未来;这是一个对真相的认识、思辨与汲取的过程,需要多种类、多层次、多样化的思考。正如上文所说:需求是一种天然的属性,需求不能被创造,只能被挖掘和发现;我们说:真相是未被发现的,或者说它在那里,但是你可能没看见,需要你去找寻!

比如,什么才是美的?这是一个在设计中经常遭遇的问题。我们在进行杭州城市家具产品设计的时候,有学者说:如果用一个字来概括杭州 2300 年建城历史留给今天的文化遗产是什么的话,那就是"美"。如图 6-25 所示。

图6-25　杭州之美

这颇有一种突然之间事情变得很严肃、很沉重的感觉,那么,如果我们继续被提问:什么样的城市家具产品形象才合适于表达杭州之美?于是,事情自然从原本的城市家具产品设计任务转移到了关于"美"的源点性思考与设计的任务。

"美"或者"美学"是一个与我们的生活息息相关的事情,无处不在,但却很难看清楚一个事情、物体的美,究竟是何种价值之美。思考"美"的命题需要涉及讨论美的属性、对象、范畴、美感和审美、美感表现与审美活动,美的内涵与美的形式……以及形象美感成因与审美规律、内涵与美的形式、语境与审美境界等。中国美术学院的宋建明教授认为:美的核心价值是"舒心开智"。如图 6-26 所示。

宋建明教授关于"美"的源点性思考、推演与重构过程,非常有趣且令人深思,加深了对于美的真相的认识,帮助我们重新梳理了设计任务的工作思路。

在产品系统设计体系下,对于大多数的产品设计而言,基于需求或者用户需求的分析,通过对事物、事理的再学习、再研究,探求事情的真相,重定设计的源点,是实现设计真正价值的必然途径之一。

本书的每一章节几乎都涉及了与需求相关的内容,这也说明了需求分析的重要性。但是,必须注意的是从行业需求、企业需求到项目需求等是在不同层面上的分析,比如,企业项目的需求分析主要是希望明确项目的设计定位,解决企业最终决策要做什么项目的问题;而产品创新设计的需求分析,主要侧重的是用户需求与产品设计结合点,解决设计师最终决定做一个什么样产品的问题。

在极具复杂性的用户需求情况下,要发现事情的真相,找到并确定设计源点,是一件不容易的事。在设计过程中,甚至会产生假需求、伪问题等情况,导致产生看似正确、实则错误的设计。

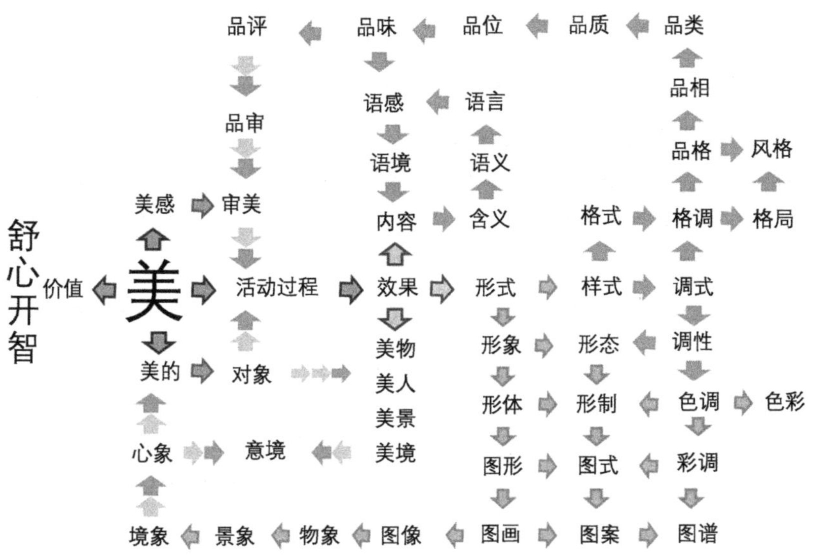

图6-26
关于美的源点重构图

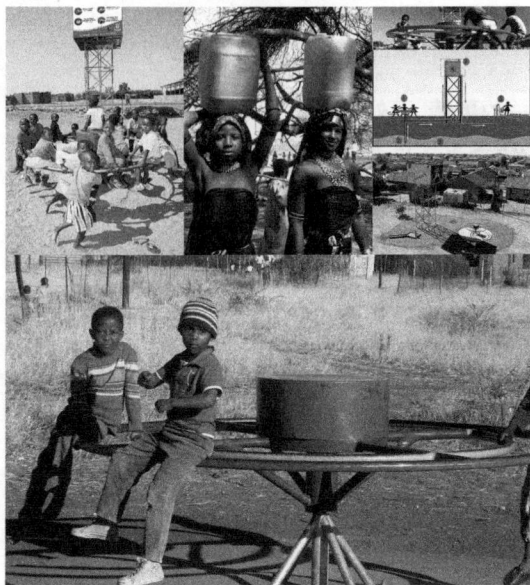

图6-27
Playpump

比如，一个颇为知名的社会创新产品Playpump（图6-27）。

Playpump的设计概念很简单，也非常有趣，面对非洲干旱、缺水的生态环境，在社区中建立儿童旋转游乐设施，利用设施转动所产生的动力带动水泵抽取地下水，既为孩子们带来了欢乐，将以往每天需要花大量时间去很远地方取水的女孩子解放出来重返校园，解决了当地居民长途取水的困难，同时通过水泵系统相关工业制造流程的本地化来促进当地的经济发展。这似乎是一个绝妙的主意和机会！该项目一出现便获得了舆论的广泛好评，2006年获得多家基金会的1500万美元投资，之后迅速扩展到莫桑比克、坦桑尼亚、马拉维等国家。

可是，事情的真相究竟是如何呢？几年过去了，许多Playpump在农村安装了，但没多久就坏了，村民们无法修复，而维修热线却永远打不通……人们并没有看到孩子们在兴奋玩耍中取水的美好想象，莫桑比克政府的一份报告甚至将这个项目评论为"一场灾难"。

说到底，Playpump的主要问题在于没有正视用户的需求。对于非洲缺水地区的人们来说，如何能够取到水才是根本，是生存需求，而不是玩乐问题！Playpump以玩乐为导向的取水方式，设计关注儿童，而没有聚焦人们取水的方式、效率、功能、耐用、维修方便等需求，最终，构成了一个错误的需求分析、错位的设计方案、糟糕的产品结果等系列故事。

再如，飞利浦（Philips）儿童医疗设备设计。

一直来，年轻的父母们面临着一个看起来难以克服的困境：孩子们害怕去医院，哪怕去了医院也常常不愿意配合就诊、治疗。为此，很多人想了各种办法，如建筑室内空间装饰、产品造型与表面肌理处理等一般的设计方法，又如说理、诱导、奖励乃至威胁等通常的教育手段，但似乎这些办法作用都不大，孩子们依然害怕去医院。

这个事情的真相是什么呢？飞利浦结合医疗、儿童等专家，通过儿童用户调研与需求分析后认为，孩子的喜怒哀乐才是设计需求的根源。从如何克服儿童的恐惧心理，转向如何使他们接受并喜欢这个医疗游戏。由此，设计源点应从儿童真实的内心需求出发，强调参与性、体验性、趣味性，进而改变医疗设备设计的工作过程和方式。

卢舍仑儿童综合医院的小患者们有机会亲手操作"飞利浦玩具扫描仪"（Philips Kitten Scan）。这是一台微型CT（CAT）扫描仪，它可以帮助儿童了解这些仪器。首先需要让孩子们选择一个玩具，再让他们将玩具放置在小型检查台上，随后将玩具送入玩具扫描仪中，了解玩具"生病"的原因。屏幕上显示的动画将会告诉孩子们，医生正在玩具体内寻找什么，并向他们讲述每个玩具的故事。这种儿童扫描仪由飞利浦公司负责设计，使儿童有机会亲手操作扫描仪，帮助他们了解其中的工作原理，从而很好地安抚、鼓励了儿童的情感。如图6-28所示。

图6-28
Philips Kitten Scan

医疗数据证明，该设计可以降低儿童患者的镇静比率，缩短治疗时间，减少放射剂量，同时，还可以提高工作人员、患者及其家属的满意度。

另外，飞利浦打造一种全新的成像环境"周边环境体验"（Ambient Experience），将先进的设计体验、医学技术与飞利浦成熟的照明以及优质生活产品巧妙地结合在一起，根据病人的喜好，营造出各种缤纷精彩的环境气氛，大大缓解了病人，尤其是儿童在使用大型医疗诊断设备进行身体深度检查过程中恐惧、紧张的心情。如图6-29所示。

从"美"、Playpump、Philips Kitten Scan等的设计过程看，无论是成功还是失败的案例，我们都可以体会到：必须高度重视用户需求，探索事情的真相，确定设计的源点，这是创新设计最终取得成功至关重要的一环。

然而，由于用户需求影响因素的复杂性，在实际的设计中，我们需要付出更多的努力和扎实的工作，借用毛主席的一句话：没有调查就没有发言权！这是从用户需求分析、发现事情真相到确定设计源点的必由之路。

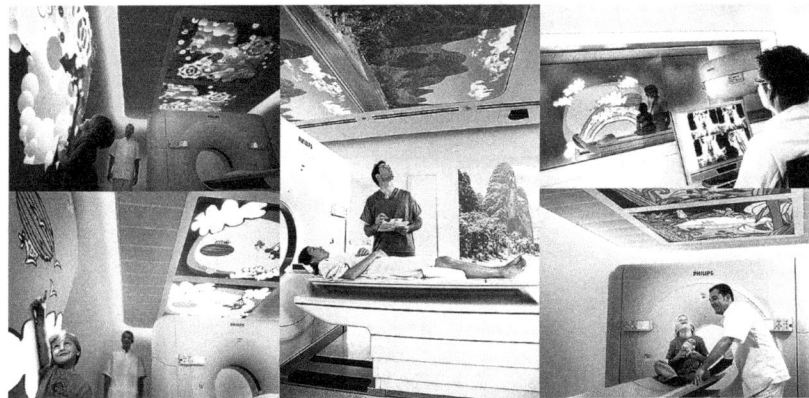

图6-29
周围环境体验

6.3.3 设计过程创新

从问题到需求，寻真相定源点，再到进入设计的过程，其实也是一个过程的设计。在过程实施中，如上文所述的各种设计方法纷纷粉墨登场，过程充满变数，甚至还有可能发生既定的设计源点被颠覆的事情，这也是一个设计活化的过程。

我们说，设计是一个过程，一个不断分析、不断比较、周而复始的循环过程。产品也是一个过程，一个在使用中的体验过程，一个从产品、商品、用品到废品的生命周期过程。设计师和用户们也是一个过程，一个从设计到被设计、从使用体会到意见反馈的交互、相长的过程。

所以，以创新为活动特色的产品设计，并没有固定的设计过程与方法，其过程中包含着设计管理、设计研发等设计活动。设计管理的核心是开发新产品，对新产品开发的进度控制、管理实施等是其具体化的表现形式，主要围绕设计决策、设计组织、设计项目及设计创新等要素展开（图6-30）。通常，设计管理总是在各个设计公司或设计者自身的人员组成、技术结构等特点基础上，形成一定的设计管理理念、方法和程序，针对不同的用户、项目的具体需求，并在设计过程中把市场与消费者的认识转换在新产品中。同样，设计研发活动的过程也是如此，一般会在设计公司或设计师已形成的基本理念、方法和程序基础上，随着用户、服务、产品对象的不同而有所不同。产品的设计管理和设计研发过程两者关系紧密，互为一体、不可分割，我们应该

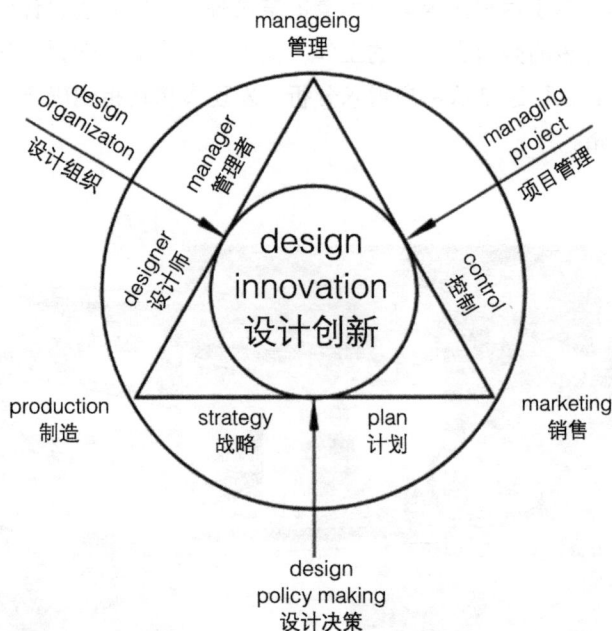

图6-30
设计管理与设计创新

产品系统设计

在设计管理中求产品创新，在设计研发中促管理创新。

1. IDEO 的设计管理与产品创新

世界上最具人气的设计公司之一 IDEO 认为，无论何种产品，总是由了解终端用户开始，专注聆听他们的个人体验和故事，悉心观察他们的行为，从而揭示隐藏的需求和渴望，并以此为灵感踏上设计之旅。如图 6-31 所示。

在产品开发过程中，IDEO 要求客户公司亲身一起参与设计，共同进行对消费者的研究、分析以及总结解决方案的决策过程。通过在其设计用户体验的过程中进行诸如现场表演、绘制行为图、快速而简陋的模型设计、深入挖掘、广泛接触、尾随跟踪以及与顾客换位思考等一系列用于调动公司客户能动性的独特技巧，当设计结束后，客户已经非常明了方案设计的原因以及应当怎样快速地完成改造，而不用再花费金钱和时间来消化一套咨询顾问给出的庞大又陌生的解决方案。这是一种基于设计管理的产品创新设计过程。

IDEO 强调，优秀的设计创造的是美妙的体验过程，而不仅仅是产品。创始人戴维说：我们卖的是经验！经验并不是传统意义上的产品，而是以往生活过程中的体验汇总。

图6-31
IDEO用户研究的Cardcollage

图6-32
狭小的试衣空间

在过程中完成设计，在设计中融入体验。"陪同购物"便是这样一个有趣的案例，就像上文所述医疗服务是一种可以让人分享的体验，购物过程也一样。Warnaco公司苦恼："顾客在百货商店里购买我们的商品时享受不到美好的购物感受，我们必须使百货商店更吸引人"。于是，IDEO和Warnaco对八位妇女进行了"陪同购物"，结果发现女性消费者十分不喜欢购买Warnaco的产品。当她们进入商店，找不到女性内衣区域；找到区域以后，又找不到自己的尺码；试衣间太小，容不下陪伴购物的女伴（图6-32），而且附近没有供人坐的地方。通过18周的设计活动，双方共同致力于问题的解决，设计了可供女伴"陪同购物"的大更衣室，可供朋友进行私聊的休息区，且配置了导购人员，打造了令人愉悦的新式百货商店销售区域。

2. 一个电饭煲的设计研发与产品创新

电饭煲是利用电能转变为热能的炊具，使用方便，清洁卫生，还具有对食品进行蒸、煮、炖、煨等多种操作功能。世界上第一台电饭煲是由日本人井深大的东京通讯工程公司于20世纪50年代发明的。

不管如何，电饭煲已经成为千家万户必备的一件家用电器。2009年秋天，杭州国美创意设计公司的设计小组以"中国式烹饪"作为一种设计愿景，从食材种类、烹饪习惯、用户态度、使用环境、使用方式等方面，建立了基本的设计过程框架。如图6-33所示。

中国人最具自信力的一件事情就是饮食，最近"舌尖上的中国"极受热捧，便充分显示了这一点。在项目的用户需求调研中，关于吃饭，几乎每个中国人都有话要说，比如："人是铁，饭是钢，一顿不吃饿得慌"，"中国人吃饭，是吃关系，边说边吃，边吃边听；其实不是吃饭而是吃酒"，"不是一家人，不吃一锅饭"，"蒸米饭，金不换"等。如图6-34所示。

然后，对诸如米的种类、烹饪方式、厨房环境等方面需求进行梳理。米的种类，从广义吃饭的主食上讲，可以包括粳米、黑米、糯米、玉米、

图6-33
电饭煲基本的设计过程
思路

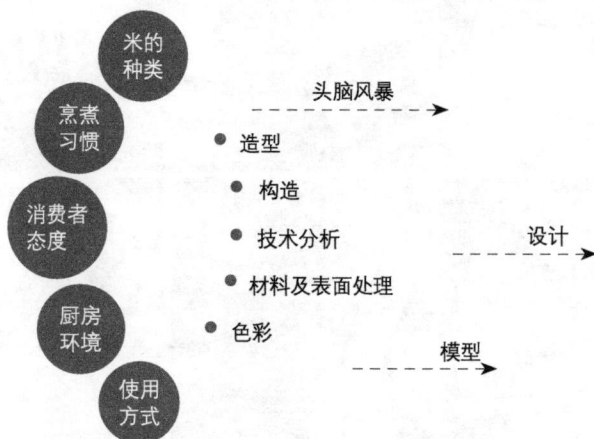

米的种类

烹煮习惯

消费者态度

厨房环境

使用方式

头脑风暴

- 造型
- 构造
- 技术分析
- 材料及表面处理
- 色彩

设计

模型

产品系统设计

图6-34
消费者态度

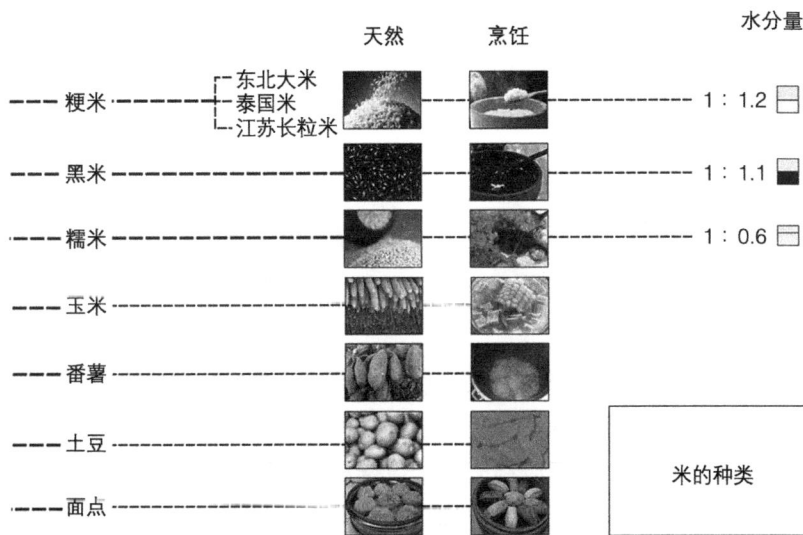

图6-35
米的种类

番薯、土豆、面点等，但是烹饪所需的水分比例不同（图6-35）。从烹饪方式上讲，有煮、炖、蒸等方式，如图6-36、图6-37所示。

从使用方式上讲，传统的方式首先是从米缸中取出生米，将生米放入电饭锅内胆，用自来水淘米，然后浸泡若干分钟（依米的种类不同），根据米的种类不同加相应比例的水，把内胆外壁的水擦干放进电饭锅内，按下开关，设定时间，进行煮饭。然后，当煮饭完成、自动保温后，盛饭（不将内胆取出）。最后，吃完饭后，将锅内剩下的米饭取出，数量多则可考虑做粥，并将锅内胆先浸泡在温水中若干分钟，与锅、碗、瓢、盆一起进行洗刷工作。当然，使用方式还有其他的类型。如图6-38所示。

如何烹饪米饭——烹饪方式

煮
Cook

炖
pot-roast

蒸
Steam

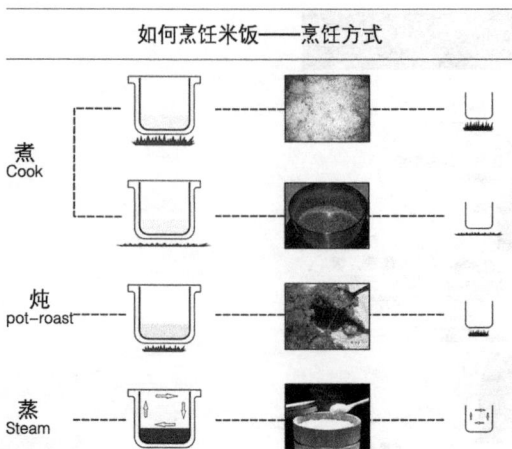

图6-36
烹饪方式1

玻璃
塑料
金属

木材
塑料

竹材

图6-37
烹饪方式2

如何使用电饭锅？使用方式

方法A   方法B

全部

家庭   母亲
         父亲
         我

他
她

图6-38
使用方式

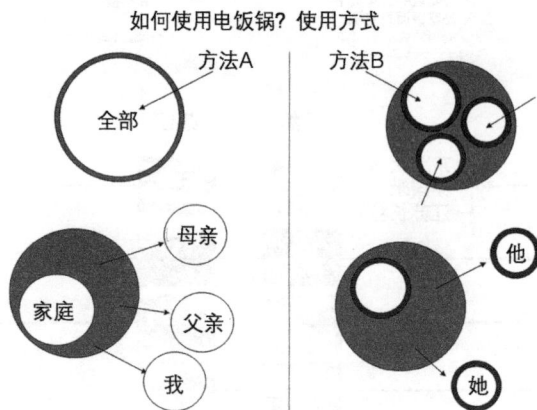

今天，随着工作节奏越来越快，生活品质要求越来越高，文明卫生越来越讲究，我们依然满足于上述这种一般的煮饭方式吗？从消费者态度的调研中，我们听到有三个值得重视的声音：坚持在一起吃饭的家的感觉，也希望更符合时代餐饮特征变化与革新，以更健康、卫生的方式吃饭（图6-39）；接受传统的大锅饭，也对米饭的营养和味道有更高的品质诉求，如"蒸米饭、金不换"；另外，还希望能够以更为直观的方式进行煮饭等。

随之，我们确定了"小份饭、可视化"的设计要点，根据电饭煲电热技术不同，完成了三个方向的电饭锅产品创新设计提案，如下：

（1）基于普通电热技术的"蒸煮六和"。

该设计注重"蒸"文化，"蒸"是最能保留食物营养和原味的烹调方法，也是非常能体现中国烹饪特色的烹调技巧。现代人饮食追求健康、原汁原味，电饭锅蒸煮结合的功能为消费者提供了方便与品质生活。同时，也关心"杂粮"魅力，"杂"即"五材相合"，杂粮营养丰富，

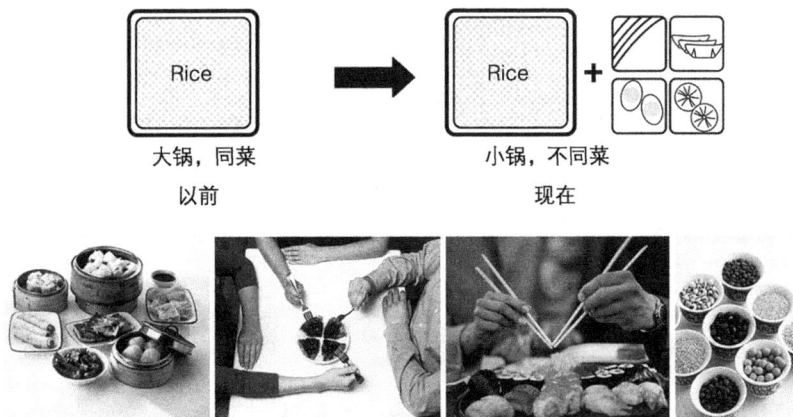

餐饮特征变化与革新

大锅，同菜　　　　　小锅，不同菜

以前　　　　　　　　现在

图6-39
餐饮特征变化与革新

具有特殊的保健功效，可以改善进食结构。今天，饮食讲究多种食物搭配、营养均衡，电饭锅灵活组合功能为消费者提供了多样性、特殊性的多种选择，这也是社会生活和饮食观念的变化趋势。如图 6-40~图 6-42 所示。

（2）基于多底盘技术的"双门三味"。

双开门的设计是适应了一种设计的趋势，从双开车门到双开门冰箱，双开的方式不仅仅是一种形式，更满足了功能上的需求，不同部分的不同作用。电饭煲双开门的设计可以使两部分分别以不同的温度、时间等要求进行煮食，满足饮食个性化需求；盖子中间大面积的玻璃，使得蒸煮过程可视化，使用户即时掌握烹煮时间。其加热部件分为三部分，是在现有电饭锅加热技术的基础上进行小份化，针对不同的食物进行分开烹煮；小份部分在盖子打开时解开顶部的压力，底部加热盘中间的压力感应柱子边的弹簧机构得以向上伸展，从而将小份内胆向上推出，以方便用户拿取。如图 6-43~ 图 6-45 所示。

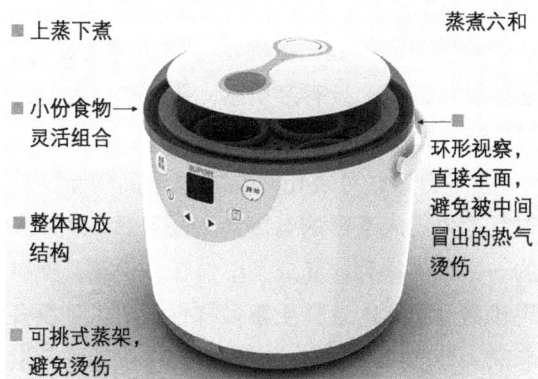

■ 上蒸下煮

蒸煮六和

■ 小份食物→
灵活组合

■ 整体取放
结构

■ 可挑式蒸架，
避免烫伤

环形视察，
直接全面，
避免被中间
冒出的热气
烫伤

图6-40　"蒸煮六和"设计提案

图6-41　"蒸煮六和"设计色彩分析

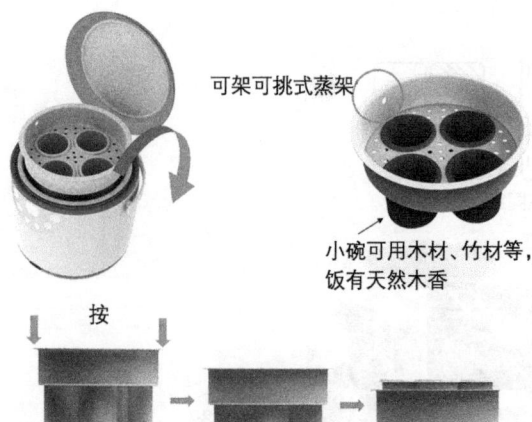

可架可挑式蒸架

小碗可用木材、竹材等，饭有天然木香

按

图6-42 "蒸煮六和"设计结构分析

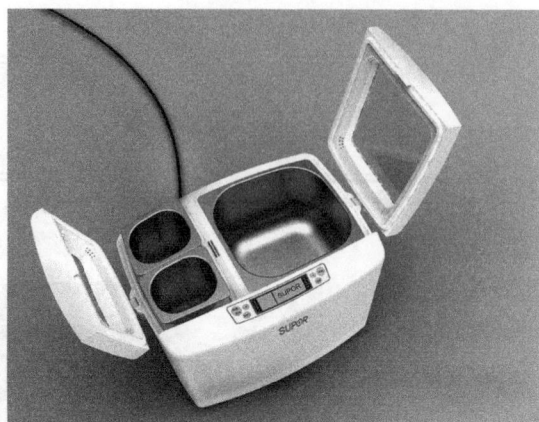

图6-43 "双门三味"设计提案

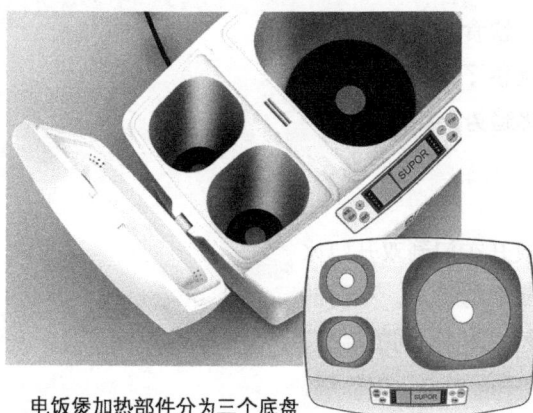

电饭煲加热部件分为三个底盘

图6-44 "双门三味"加热结构

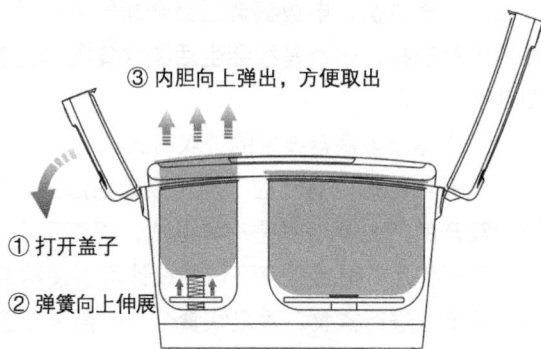

③ 内胆向上弹出，方便取出

① 打开盖子

② 弹簧向上伸展

图6-45 "双门三味"使用方式

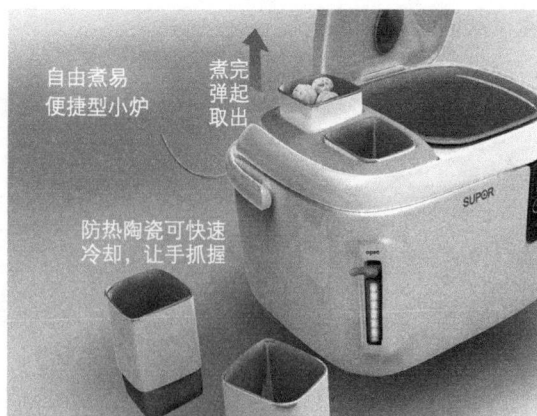

自由煮易便捷型小炉

煮完弹起取出

防热陶瓷可快速冷却，让手抓握

图6-46 "自由煮易"设计提案

（3）基于电磁炉技术的"自由煮易"。

该方案运用电磁炉加热技术，以便捷型小炉的方式，适应多变的快速生活；以更具亲和力的可视化提示，使得产品形象易懂；便捷型小炉能够自动弹起，以提示与防止使用烫伤；整体设计圆润，具有亲切感，是值得信赖的外形设计。如图6-46~ 图6-48 所示。

"小份饭、可视化"电饭煲产品创新设计改变了中国人通常的电饭煲烹饪习惯，从原来的一锅饭一锅菜，变成了小份饭多份菜，使得现代家庭生活的选择更富多样性，提供了更多与家人分享的可能方式；同时，在设计细节上也进行了很多优化，比如小锅菜在烹饪完成后，

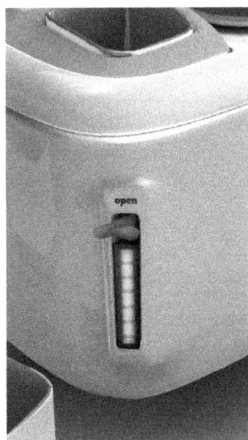

图6-47　"自由煮易"可视化节点操控设计　　图6-48　"自由煮易"可视化节点界面设计

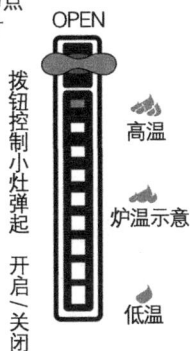

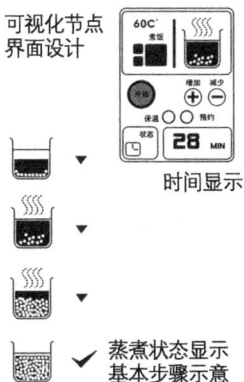

会自动弹起，并示意取出，又如可视化节点界面设计与操控设计，更能亲切感受、直观把握煮饭的整个过程。尽管，上述三个设计提案依然存在诸多不成熟之处，但各自具有鲜明的设计特点和产品魅力，总而言之，这是一次有趣的产品创新设计过程与体验。

6.3.4　产品设计评价

评价，可分为主观评价、客观评价和主客观结合评价三种类型。产品设计是一种创造性的活动，很难完全按照科学计算的方法对设计进行评价。产品设计评价是运用系统性的方法，通过定性研究与定量研究分析设计，以判断产品或服务的设计之成效与影响。

我们进行设计评价活动，首先需要明确评价目的，在产品的不同阶段（产品、商品、用品、废品），由于评价目的不同，设计评价的方法与手段也不同。从根本上讲，对企业新产品开发成败的评价，取决于市场用户的反馈与企业业绩情况。当然，造成产品在市场上失败的因素有很多，诸如价格定位、产品质量、销售渠道、营销策略等；其中，设计品质与成本管理的优劣是一个重要因素。据不完全统计，每年产品开发设计费用占销售额 1% 的企业必将在市场竞争中被淘汰，占 3% 以上的企业才能勉强维持它的生存，而设计开发费占 5% 以上的企业，其产品在市场上才能有竞争力。

在这里，设计评价主要是指在设计过程中，通过系统分析比较各种因素，形成综合性的建议，为设计决策提供依据，为修正、改进方案提供目标，从众多方案及备选项中选优，以确保设计项目最终达到设计目标的有效方法。

设计评价作为产品设计中的一项重要活动，与整个设计的过程、结果均密切相关，除了设计师的自身评价外，专家和一般用户的评价是其重要的途径。设计评价的特性是：由生成到评价，再由评价到生成，一个不断循环前进的活动过程。如图6–49所示。

目前，国内外已提出近30种设计评价方法，按照性质的不同，评价方法可分为三类：定性评价法、定量评价法和综合评价法，如图6–50所示。

从总体上讲，这三类评价方法各有其优缺点，如下：

定性评价法，不受统计数据的限制，可以充分发挥智慧与经验的作用。但是，由于评价结果受限于参评人员的主观意识、经验、知识水平等，评价中易带有个人偏见和片面性。

定量评价法，以客观定量数据为依据，并以科学方法进行计算与评价。但是，在评价内容和要素比较复杂的情况下，其评价参数、公式等难以设定。

综合评价法，在理论上，该方法能较好地吸取前两种方法的长处，同时弥补各自的不足。但是，由于定性评价、定量评价的方法在层次

图6–49
设计评价特性图

调查 → 设计 → 评价 → 设计 → 评价 → …… → 方案

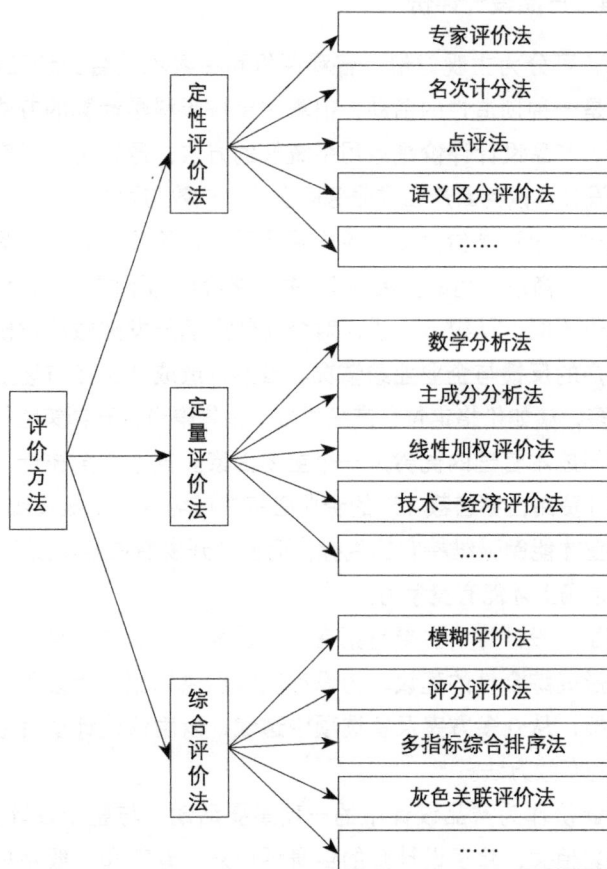

评价方法

定性评价法
- 专家评价法
- 名次计分法
- 点评法
- 语义区分评价法
- ……

定量评价法
- 数学分析法
- 主成分分析法
- 线性加权评价法
- 技术—经济评价法
- ……

综合评价法
- 模糊评价法
- 评分评价法
- 多指标综合排序法
- 灰色关联评价法
- ……

图6–50
评价方法分类图解

产品系统设计

分析结构上难以科学统筹，而以模糊数学理论为基础的模糊评价尚未成熟，且其需要建立隶属度函数，需要的数据样本也较多。

在实际的产品创新设计评价活动中，应用最为广泛的是评分评价法。通常，该设计评价方法包括：①分析评价指标，建立评价指标树；②确定各评价指标权重（加权系数）❶；③根据产品特点，确定适宜的评分标准；④计算产品设计方案的总分；⑤汇总评分，筛选最优方案。如图6-51所示。

其中，产品创新概念设计的一般性评价指标，主要包括：功能、人机、外观、技术、创新度等；也可以根据不同产品的情况，选择最能够反映设计特色和价值的几个方面作为评价指标。同时，根据评分法的特点，我们对这些既定的评价指标进行分层次划分，从而建立评分法的评价指标树，展开产品设计评价工作。

比如：对微星科技（MSI）和索尼（SONY）两款电脑（图6-52）的产品设计进行评价，首先，选定评选专家若干人，设定评价指标并设定加权系数（功能5%、技术5%、人机10%、外观60%、创新度20%）；然后，对这两个产品设计评价指标分别打分、统计，进行加权平均法计算，并绘制成设计评价分析图（图6-53）。

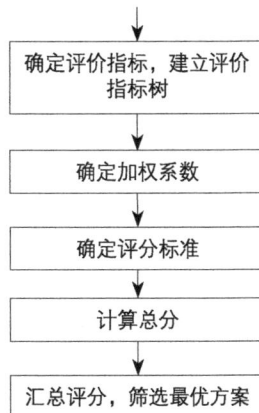

图6-51
评分评价法

确定评价指标，建立评价指标树
↓
确定加权系数
↓
确定评分标准
↓
计算总分
↓
汇总评分，筛选最优方案

图6-52
微星科技（MSI）和索尼（SONY）两款电脑比较

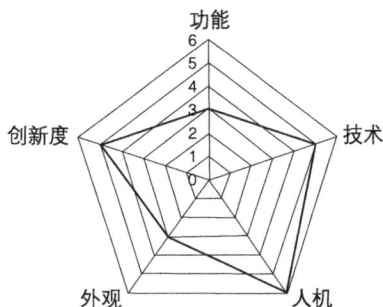

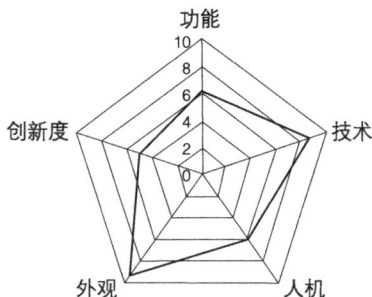

图6-53
微星科技（MSI）和索尼（SONY）两款电脑设计评价比较图

❶ 权重（又称加权系数）是一个相对的概念，是针对某一指标而言的；某一指标的权重是指该指标在整体评价中的相对重要程度，通常采用"w"表示。比如：按照小测 $w_1$40%、期末成绩 $w_2$60%的比例来算，最终成绩是80×40%+90×60%=86。

在进行加权平均法时，应注意指标设置周全，在数量上不宜过多或过少；在内容上，与全面定义产品时的因素相呼应。同时，指标之间要相互独立，避免交叉；加权系数的设置要体现出设计评价的导向和意图。

在产品创新设计中，为了更清晰地判断设计的方向，往往需要采用相对比较全面的设计评价。此时，一般建议采用定性评价法，可以分层设定多种项目指标，如情感、人机工学、美学、特性、影响、核心技术、质量以及利益效应、品牌效应、可扩张性等，通过对评价指标的定性化，进行综合性产品设计评价。比如，企业新产品开发的上一代、这一代、下一代产品（型号）的定性分类设计评价，如图6-54所示。

现在，随着社会的发展，高校、企业和机构等均越来越重视产品设计评价及其相关领域的拓展，如产品设计价值评估系统、感性工学、脑电波传感技术（图6-55）、视线跟踪技术、海量检索技术、设计知识管理系统、行为观察分析系统等。比如，以眼动仪（图6-56）为主要工具载体的视线跟踪技术逐步成熟，应用越来越广泛，可应用于图片、广告研究（网页评估、设计评估等）、动态分析（航空航天相关领域、

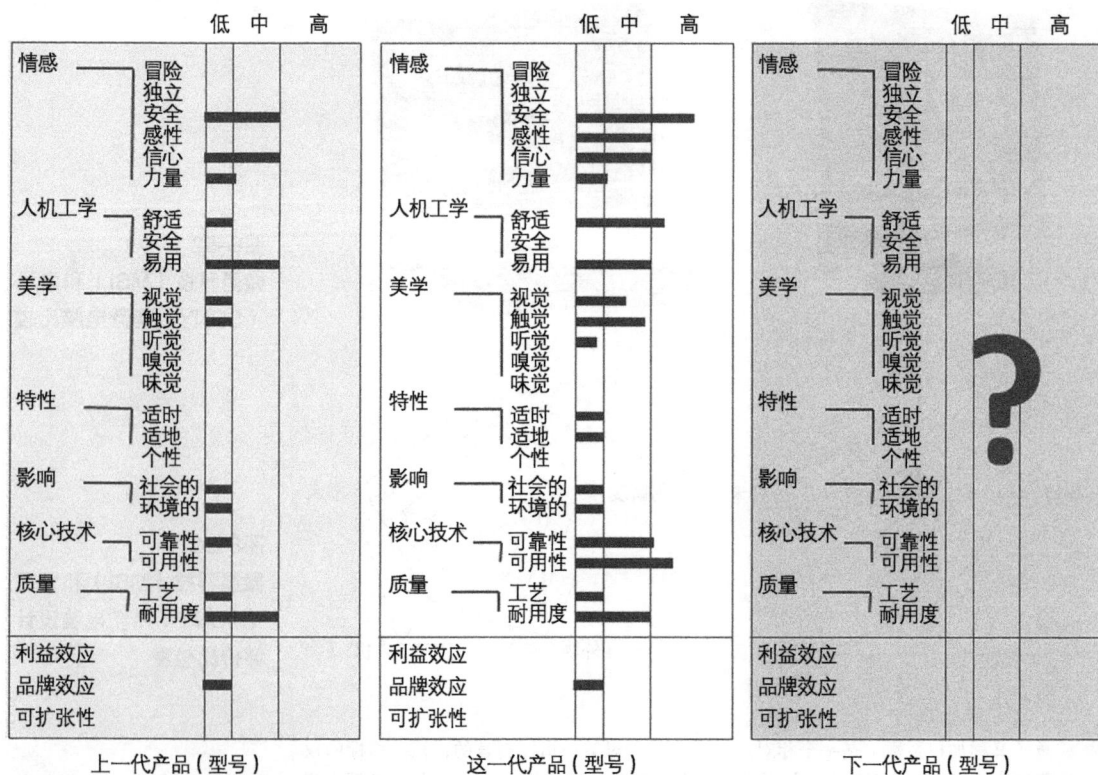

图6-54　定性分类设计评价图

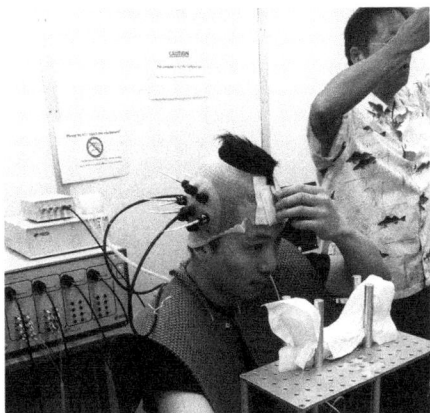

图6-55 脑电波传感技术

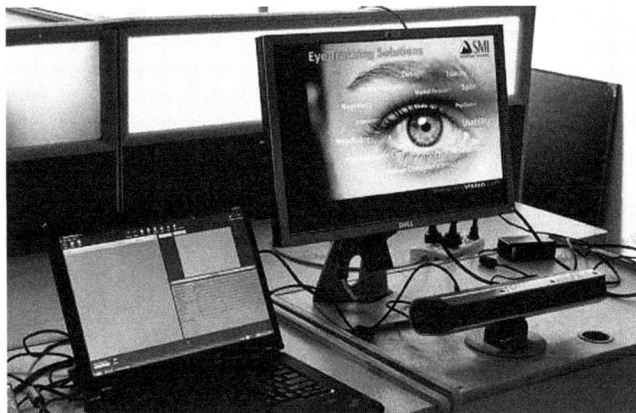

图6-56 眼动仪

体育运动、汽车、飞机驾驶、打字动作分析等）、产品测试（广告测试、网页测试、产品可用性测试等）、场景研究（商场购物、店铺装潢、家居环境等）和人机交互等各种领域。另外，在理解人的意图的智能计算机、具有交互功能的家用电器、虚拟现实和游戏等领域也有很好的应用前景。

　　总而言之，产品设计评价是帮助产品创新设计取得成功的重要手段。在整个产品设计过程中，设计评价可以借助各种先进的测试设备、评价技术系统，以其相对严谨、科学、合理的工作方式，从多角度、多方面、多指标对设计方案进行定性、定量或综合方式的比较分析，从而得到更加可靠的数据和反馈信息，有效帮助设计方案的筛选和优化，最终提升产品设计的质量。

作业安排

1. 完成一次产品创新设计思维方法的练习。
2. 完成一个产品创新设计实践项目。

7

第七章 基于品牌的产品族与产品系列化设计

【本章内容摘要】

为了增加产品附加值及建构企业品牌，通过对品牌与产品设计两者彼此共通、系统变化、品牌主导等三种现象的关注，充分挖掘并提取产品族基因特征，明晰产品识别（PI），以品牌平台为战略指导，以产品设计平台为战术指引，针对细分市场中不同客户群的需求，进行基于品牌的产品族与产品系列化设计，并以高效益比和快速开发周期来满足不同客户的个性化需求。本章重点是产品族与产品系列化的设计。

7.1 品牌与产品

7.1.1 关于品牌

在现代商业社会，品牌被视为企业竞争的"摇钱树"。世界著名的可口可乐（图7-1）公司总裁曾骄傲地说："即使全世界的可口可乐工厂在一夜之间被烧毁，他也可以在第二天让所有的工厂得到重建！"这就是品牌的价值与力量。同样是品牌，知名品牌与一般品牌的产品销售价值之间相去甚远，例如同等的运动鞋，耐克要比李宁、安踏高出几百元。这一切看似不合理、不公平的现象背后，是品牌这双具有魔力的手给产品走向市场增加了无形的高附加值所致。

按照通常的说法，"品牌"一词源于斯堪的纳维亚语 Brandr，意思是"烧灼"。人们用这种方式来标记家畜等需要与其他人相区别的私有财产，这可谓是品牌最原始的定义。到了中世纪的欧洲，手工艺匠人用这种打烙印的方法在自己的手工艺品上烙下标记，以便顾客识别产品的产地和生产者，成为最初的品牌商标雏形。

从广义上看，品牌是一个复杂系统，是由各子系统和各环节组成的整体。品牌不是简单的商标（Trademark），而是一个组成商品形式

图7-1
可口可乐

或服务形式的完整的商业系统，其价值是通过依附在产品或服务上的附加值形式加以体现的。

美国市场营销协会（AMA）在 1960 年出版的《营销术语词典》上把品牌定义为：品牌是用以识别一个或一群产品和劳务的名称、术语、象征、记号或设计及其组合，以和其他竞争者的产品或劳务相区别。而帕特里克·巴维斯（Patrick Barwise）在其论文集《品牌与品牌设计》前言中定义了品牌的三种身份，它认为一个品牌可以是一个商标，指抽象意义上的名字或符号，如松下电器或巴斯啤酒；也可以是一种特定的产品或服务，指品牌商品本身，如 Ivory 肥皂或 BBC 新闻；还可以是消费者对于一种产品或服务的信心，指从对产品的信任自然产生出来的经济价值常常成为品牌的市场价值，如"任何人都不会因为购买 IBM 而被解雇"这类话语。

尽管，品牌已经成为今天生活中不可或缺的一部分，但对于正在经历从 OEM、ODM 到 OBM 演变与转移的中国制造行业而言，还处在一个探索性的初级阶段。从 20 世纪 50 年代美国的大卫·奥格威第一次明确提出品牌概念到如今不过半个多世纪，中国一直到 20 世纪 90 年代，从企业视觉识别系统（VIS）开始才出现了品牌的概念。随着市场经济的不断开放、繁荣和发展，国际品牌纷至沓来，国内企业感受到压力，纷纷开始努力打造自己的品牌以区分自己的产品，并建立自己的供应渠道。但是，正如 2009 年的美国《新闻周刊》的文章"没有品牌的巨人"中所说：中国是世界工厂，但是它的顶级公司依然榜上无名，令人颇感奇怪！比如，华为作为与爱立信比肩的世界级通信设备供应商，即使与苹果、沃尔玛、丰田和谷歌这些知名品牌一同登上了《商业周刊》最新全球十大"最具影响力"公司排行榜，但是，迄今为止，华为是这一排行榜上最得不到国际承认的名字。华为的成就主要建立在老套的中国式代工制造的生产方式上，即把其网络路由器和电话交换机（图 7-2）等产品出售给各个电信运营商等公司，而不是直销给全世界的用户。

华为现象也是中国制造业的缩影。例如联想集团（图 7-3），在 2006 年收购了 IBM 公司的个人电脑业务，但是它在海外的开拓之路却步履维艰，只能把主要精力放在保护其国内市场份额上。再如海尔公司（图 7-4），这家中国最大的家用电器制造商，亦只能在全球低价市场分得一杯羹，与高品牌附加值的高端市场相去甚远。曾经以"价廉物美"为自豪的中国制造业，在全球性品牌竞争的当下，正

E5 无线路由器　　　　　　　S2700-26TP-SI-AC 交换机

图7-2　华为无线路由器和电话交换机

lenovo

图7-3
联想集团标识

Haier

图7-4
海尔公司标识

在被其产品的"廉价"及与之相关联的低品质形象所制约。中国的企业要实现转型升级，必须大力加强产品创新、产品质量、产品服务等，进而以系统设计的方式，打造一种具有高品质、高附加值、高信任度的中国品牌。

从产品系统设计的观点来看，关于品牌我们可以从消费者和企业两个不同的角度来理解：对于消费者而言，品牌是消费者对于一个企业及其产品所有印象和期望的总体认识；对于企业而言，品牌是企业向目标市场传达企业文化、企业核心价值、企业形象、产品理念的要素，并和消费者建立一种相对稳定关系的载体。品牌包括了品牌名称、产品、服务、内涵以及与之相关的所有感知与情感联想。

7.1.2　品牌设计与产品设计

品牌作为当下最热门的一个话题，不仅在企业界被广泛关注，也在学术界得到高度的重视，关于品牌与设计的各种论著与文章汗牛充栋，主要是从商业、管理等方面讨论品牌，在这里本书就不一一赘述。

我们继续从产品系统设计的角度思考，站在设计本身，设计讲究的是视觉、触觉、听觉效果，这是人类最敏锐的三大感觉，因此，设计也是品牌建构中唯一的、最重要的工具。同时，品牌的设计实际是一个企业和消费者之间关于如何认定品牌价值和承诺的双向、交互的动态发展过程，而产品的设计则是一个将人或企业的目的或设想，通过具体的载体，以各种形式表达出来的一种创造性活动过程；两者之间关系密切，具有彼此共通、生活导向、互为因果和品牌主导等值得关注的现象。

首先，在以产品为核心载体的品牌设计中，品牌设计与产品设计两者存在很多彼此共通的基本要素。比如，马修·赫利（Matthew Healey）在《What is Branding》一书中提到的品牌设计的五大构成要素：定位、讲述故事、设计、价格、客户关系，简述如下：①定位：确定一个品牌在消费者心目中代表的含义及其区别于其他同类产品的特征。②讲述故事：人们容易被一个精彩动情的故事所吸引，当人们购买品牌产品时，一个优秀的品牌能够让消费者融入它所编织的故事中去，并感觉自己在其中扮演着重要角色。③设计：指产品制作过程中的所有方面，不仅是产品本身，也包括商标、包装等。④价格：价格手段在品牌竞争中极为重要，不当的价格策略会给品牌形象带来毁灭性的打击。⑤客户关系：企业为了使每个消费者感觉与众不同而采取的行为；对生产者来说，关注消费者的想法并对此作出回应是至关重要的。

每一个品牌设计都包含了一个内在真谛，成功的品牌设计就在于发现真谛，讲述以产品为载体的故事并使之完美，使其成为生产者和消费者之间价值和情感的纽带。

其次，随着社会科学技术进步、经济繁荣，以及人们生活需求导向不同，品牌设计与产品设计往往处于一种不断发生系统性变化的动态演绎格局。人类最初并没有什么品牌的概念，在经济不够发达、产品不够丰富的时代，主要是看产品的设计、质量与价格，人们通过以物易物、货币购买等交易方式。然后，在经济开始进入繁荣时期，品牌雏形开始出现，并直接影响产品的设计；在工业革命后，成就伟大的品牌公司都能很好地兼顾产品功能性和美观性，如博朗、飞利浦、赫曼·米勒等（图7-5），传统的产品设计重心在于产品的功能和外观。丹麦著名品牌B&O也是其中的典型代表，B&O一直以来都是最具创新设计的公司之一，其生产的音响产品前卫、时尚，产品体形精致玲珑，却能达到令人惊叹的音质效果；该品牌拥有一批忠实的用户，消费者愿意花费昂贵的价钱去买B&O品牌的产品，如高达4750美元的BeoSound9000 CD播放机（图7-6）、20000美元的BeoVision9等离子电视（图7-7）。

图7-6　BeoSound9000CD播放机

图7-5　博朗、飞利浦、赫曼·米勒

图7-7　BeoVision9等离子电视

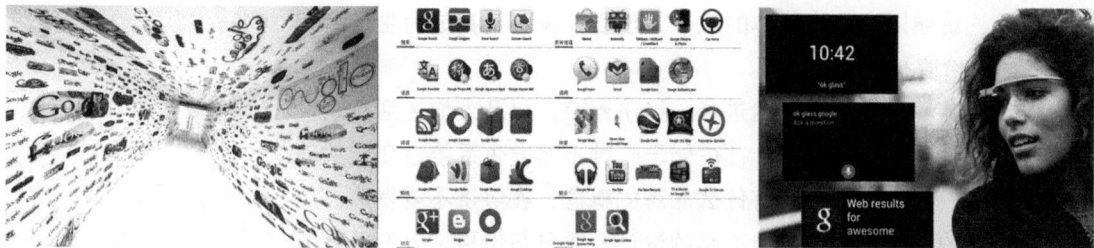

图7-8
Google

图7-9
Serene手机

然而，今天的设计概念正在发生内涵意义上的系统变化。移动互联网让人们从工具消费转向了内容消费，用户的体验也不仅限于在硬件上的苛刻追求，更期待它能够带来 Google 式的惊喜（图 7-8）。

产品设计正在经历着由传统工业设计向服务与体验设计的系统性转变，这种转变是生活需求引发的设计价值变化，进而影响到品牌的成败。比如，即使 B&O 这样有实力的企业，由于未能充分认识从生活、设计到品牌的系统变化，也同样遭遇过艰难的发展时期。在 2007 年，一直凭借高技术、卓越外观设计取胜的 B&O 产品销售遭遇滑铁卢，其财政损失近 1 亿美元。2006 年 11 月，以高档设计著称的 B&O 与意欲进军超高端手机市场的三星联手打造的 Serene 手机（图 7-9）在中国上市，每部售价上万元，著名奢侈品牌 LV 还为该产品量身定制了精致皮套，并以独具魅力的环状式键盘替代了普通矩阵式键盘，格调典雅、造型独特，堪比劳斯莱斯的"黑色幻影"气质。但是，恰恰是环状式键盘限制了诸如短信编辑、邮件接发等当下基本生活需求的行为，这是一个大问题！

在信息时代，消费者对产品的设计价值和产品质量概念的认识产生了不同，人们更喜欢智能的、简单的、可自由操控的体验设计与产品。对于一直坚守在格罗皮乌斯（Walter Gropius）及其包豪斯设计思想下的 B&O，可谓得到惨痛的教训，其设计理念总监佩德森（Pedersen）说："我们所奉行的价值观和质量的概念已经过时太久了！"而苹果公司则提供了从生活需求、科技融合到产品体验的最佳案例，iPhone 的发布改变了移动手机产业的格局，其成功不仅在于精美的外观设计，更在于为用户提供了一个开放式的平台，用户可以安装各种应用程序到手机里，以满足他们自己想要的体验（图 7-10）。IDEO 的蒂姆·布朗说过，"苹果公司最伟大的成就之一，就是将长久以来的设计重心从'产品设计'转移至用户的使用体验。"设计已经不仅限于美学范畴，其目的不只是为了制造一件精美物品，而应是能点燃用户激情的一种体验，是加强人与人、人与物之间沟通的方法，更是创造一种开放性、系统性的可能。

再次，从系统设计观来看，品牌设计与产品设计分属于主系统与子系统，其中品牌系统发挥着主导作用，但两者也存在彼此互为因果

产品系统设计

图7-10
iPhone体验

图7-11
甲壳虫和迷你汽车

的关系。

　　一方面，聪明的设计能在不知不觉中满足甚至超越用户的需求与想象，靠着好的设计与产品获得极大经济效益的企业绝不止苹果一家。有时候，一个好的设计成果就可能变成一个品牌。比如，迄今为止依然受人热捧的甲壳虫汽车与迷你汽车系列（图7-11）的设计，这是汽车制造商对一个具有传奇色彩的、特定款式的车型进行投资，并在原有产品风格基础上打造成为有魅力的品牌的设计范例。

　　另一方面，目前产业界的主要情况是以品牌为主导，通过设计产生好的产品，塑造好的品牌，诸如苹果、IBM、梅赛德斯－奔驰、索尼、惠普、赛博等世界一流企业的基本情况均是如此。品牌设计起步于产品设计，并逐渐发展到产品外部，包括包装设计、商标设计、广告宣传、市场营销和公共关系等所有对品牌有利的相关事物，其目的是为了创立并推出这个品牌，所以它们可以被看做一个统一整体——品牌设计的不同方面；相对于品牌设计中的广告宣传、市场营销等方面，产品设计是品牌的核心要素。

　　品牌产品和一般产品（或称杂牌产品）最大的区别就在于：它使产品有了"家族"和"姓名"。同一品牌的产品应有共同的产品族群基因特征，产品的个性存在于品牌之下，设计创新要以品牌为导向，凸显品牌的核心价值，传达品牌的精神；品牌是产品的线索，其核心理念贯穿于产品设计的始终，这也正是产品差异化的重要战略。一个单体产品是容易被"山寨"的，但复制和重建品牌的全体产品族群就不太可能了。

　　如今，一个品牌仅仅靠制造某个单一产品已经很难参与竞争了。品牌已经成为个人身份、品位乃至生活方式的象征，消费者对于品牌的认同绝不仅仅是靠一件产品，当然我们不否认有"爆款"的成功，但是一个品牌要想拥有持久的生命力，得到消费者的长期认同，就必须有时间和文化的沉淀。这好比一个人，我们很难从当下某个片段来判断，最好是从他的过去、家庭、朋友、工作、生活等多方面了解，并需要通过一定时间的接触交流甚至是共同成长的经历，才能更好地熟知这个人，从而对他产生信任感和认同感。品牌也一样，消费者需要从它的家族产品和系列产品来定位品牌，从品牌的所有方面来找到对品牌的归属感，并通常希望品牌在产品、传播、终端和服务等所有因素中体现出一致性，任何环节的薄弱和偏离都会导致消费者对其品质的怀疑。品牌只有通过系统设计形成整体的合力，打出组合拳，才能在消费者心中形成一个完整、深刻、美好的印象。

综上所述，鉴于对品牌设计与产品设计的彼此共通、生活导向、互为因果和品牌主导等方面内容的分析，今天的品牌设计与产品设计不应割裂两者的关系，而应强调两者在设计要素、目标与思想上的一致性；不应固化设计的模式，而应从社会、科技、文化、生活等出发，正确地看待系统变化下的设计与价值；最后，在当下的社会经济市场中，我们应该以品牌理念为主导，建构具有整体竞争力的产品族及其系统设计平台，积极应对消费者对产品从硬件到软件、从物质到精神的生活与体验需求，通过设计创新，推出更加完美的下一代产品。

7.2 基于品牌的产品族系统研究

7.2.1 关于产品族

在产品日益面临技术同质化竞争的当下，以品牌价值为核心的竞争力正在不断得到重视，而品牌形象的核心代表是产品。人们印象中所谓的"宝马"，其实是指那一辆辆形象鲜明的宝马汽车，及其所代表的非凡的制车技术工艺和"潇洒、优雅、时尚、悠闲、轻松"的高品质生活方式，这说明了品牌价值在于其产品提供的实质内容。由于"宝马"所提供的生活象征，以至于在全国各地形成了组织形式各式各样的宝马车主族群，与宝马车的产品族群形成了直接的关联，这说明品牌的辐射力主要成因之一是由其产品族群协同合力作用的结果。

产品族可以认为是企业在较长时间发展后出现相似性、继承性、稳定性的一系列新旧产品群体，这一观点在本书的第4章中已提到。站在时间维度视角，企业的产品族与人类社会的家族有着类似的逻辑关系。家族是以血缘关系为基础而形成的社会组织，包括同一血统的几辈人，诸如爷爷、爸爸、叔叔、儿子、堂兄、堂弟等，传承悠久的家族还有族谱；产品族也是一样，如图7-12所示的佳能相机产品族谱。

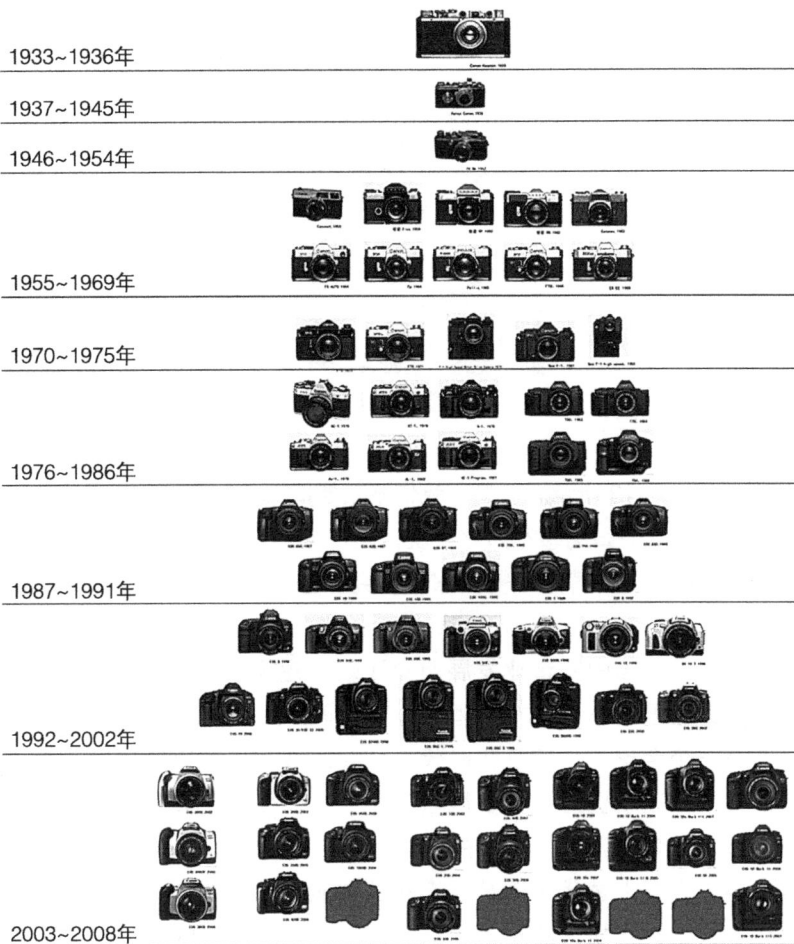

1933~1936年	
1937~1945年	
1946~1954年	
1955~1969年	
1970~1975年	
1976~1986年	
1987~1991年	
1992~2002年	
2003~2008年	

图7-12
佳能相机产品族谱

再比如宝马，有上一代宝马、新一代宝马，还有宝马1系、3系、5系、7系、X系、M系等，也一样具有产品族谱。宝马通过科学管理，建立了整体企业的品牌产品平台，通过一系列共享的、可重用的模块集合，形成一种内在的传承基因式的系统设计，造成宝马车的整系族群之间往往有着相似的特征，其产品"族"的概念清楚、形象鲜明。

在现代商业竞争中，这是一个重要的企业竞争秘诀。在国际上，如奔驰、大众、苹果、飞利浦、西门子等企业，在一方面坚持不断地进行产品创新设计的同时，另一方面，企业旗下的产品无论经过多少次更新换代，人们总是能从众多品牌的产品中将它们识别出来，这无形中极大地增强了用户对品牌的归属感，乃至荣誉感，进一步加强了企业的竞争力。

但是，纵观国内的企业，能做到这一点的几乎没有。当你走进百货公司大楼，徜徉在国内小家电品牌产品展售区，如果我们去掉诸如美的、九阳、海尔、格力等国内知名的Logo，那么，你将无法认知谁

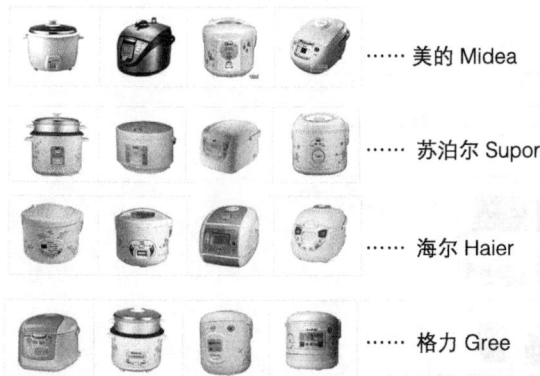

图7-13 国内小家电品牌产品

图7-14 愤怒的小鸟

是谁，如图 7-13 所示。于是，我们不禁要问：这如何能让用户建立起对于品牌强大的归属感？如此情况，是中国企业在品牌建设方面的悲哀，也是今后的品牌建设需要深入研究、挖掘品牌与产品族等内涵价值的突破点。

固然，中国的制造业发展历史还较为短暂，而人们常说：百年品牌！其意思是一个好的品牌的建立，需要长久的时间积淀。但是，今天是一个全球化、信息化时代，社会发展变化的速度与过去相比完全不同，在手机业界独领风骚多年的世界级企业芬兰诺基亚下去了，而以一个小游戏"愤怒的小鸟"（图 7-14）为主产品的企业居然在很大程度上替代了诺基亚在芬兰的旗帜性位置。百年品牌的概念在今天受到了极大的挑战，这也是时代给予我们快速发展的新的机会和可能。

从工程设计角度来看，产品族是以产品平台为基础，通过共享通用技术并定位于一系列相关联的市场应用的一组产品。产品族设计是大规模定制中的核心内容，以低成本和快速开发周期满足客户的个性化需求。这个概念主要强调技术功能下的产品族设计，但是，品牌本身便绝非纯技术的问题，还涉及文化、美学、精神等内容，所以，从工业设计角度出发看，产品族的概念中还应有企业文化、造型、构造风格、色彩、纹样、产品语义等因素。图 7-15 所示是大三学生课程中索尼产品族图谱与分析。

综上所述，我们开展产品族系统设计之前，需要做三件事：①充分挖掘并提取企业品牌产品族基因特征；②明晰品牌产品识别（PI）设计；③建构品牌产品平台系统。然后，以品牌产品平台（Platform）战略为指导，针对细分市场中不同客户群的需求，进行基于产品平台的相关系列产品创新设计，以高效益比和快速开发周期来满足不同客户的个性化需求。

产品系统设计

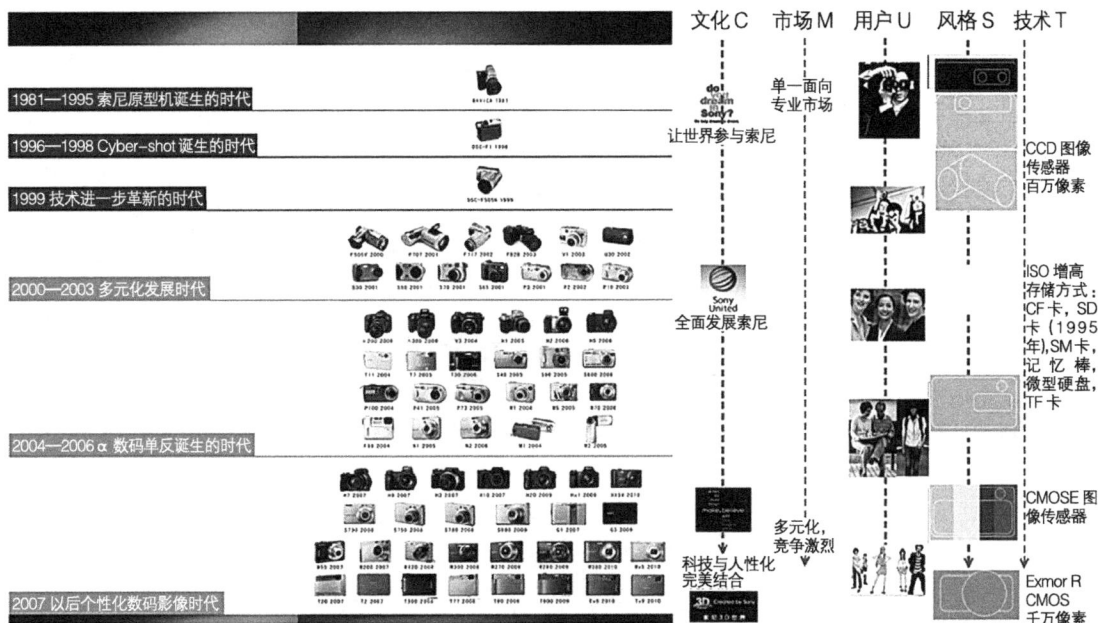

			文化 C	市场 M	用户 U	风格 S	技术 T

1981—1995 索尼原型机诞生的时代

1996—1998 Cyber-shot 诞生的时代

1999 技术进一步革新的时代

2000—2003 多元化发展时代

2004—2006 α 数码单反诞生的时代

2007 以后个性化数码影像时代

do I dream Sony?

让世界参与索尼

Sony United
全面发展索尼

Praise, believe

科技与人性化
完美结合

单一面向
专业市场

多元化，
竞争激烈

CCD 图像
传感器
百万像素

ISO 增高
存储方式：
CF卡, SD
卡 (1995
年),SM卡,
记忆棒,
微型硬盘,
TF卡

CMOSE 图
像传感器

Exmor R
CMOS
千万像素

图7-15
索尼产品族图谱

7.2.2 产品族基因与产品识别

在产业界，众多国际企业都很重视产品族基因与产品识别研究，例如宝马汽车、奔驰汽车、通用汽车、福特汽车、沃尔沃汽车、大众汽车、丹麦 B&O 公司、索尼、阿莱西等。韩国三星还设立了产品基因研究小组，针对企业文化和产品品牌开展产品基因研究与产品识别设计。

1. 产品族基因

基因是生物学、医学领域的概念。基因是遗传的物质基础，是 DNA 或 RNA 分子上具有遗传信息的特定核苷酸序列。基因通过复制把遗传信息传递给下一代，使后代出现与亲代相似的性状。人类大约有几万个基因，储存着生命孕育、生长、凋亡过程的全部信息，通过复制、表达、修复，完成生命繁衍、细胞分裂和蛋白质合成等重要生理过程。

产品的开发设计也是一个有机更新、反复迭代、不断演进的过程，所有的新一代产品与其上一代相比，既有一定的联系，又不完全一样，两者的相似程度取决于更新换代的剧烈度。对于汽车等工业产品的典型代表而言，一辆汽车大约也有几万个零件（图 7-16），在同一个生产平台下，其车辆部件或零件具有稳定的结构，如果通过新的设计对某些零件进行改型、复制、移位、更替、删除等动作，将产生功能、造型或结构上的变化，使其产品综合性能和价值得到优化或进化。

产品族基因的设计研究方法，就是将基因相似性、结构性和继承性的思路引入到产品内在的遗传和变异特质中，通过产品族、产品、部件、零件、元件等层次结构与组织衍化（图 7-17），建立并活化与

图7-16
汽车的零件

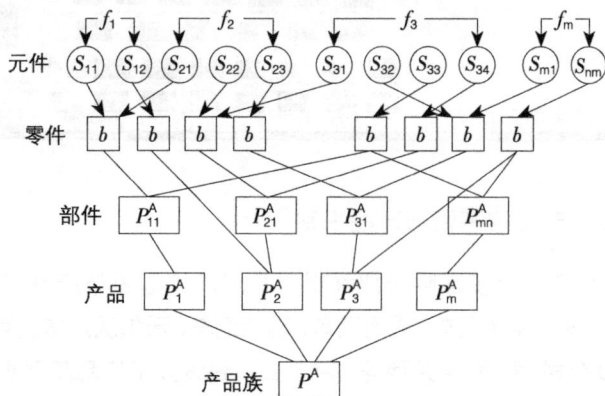

图7-17
产品族基因层次结构与组
织衍化

众不同的品牌产品族基因特征体系，并使蕴涵品牌文化价值的产品族基因有机地应用到企业的各个项目产品创新。这是企业保持其品牌产品独特、领先地位的重要秘诀之一，尤其对于当下中国式"山寨"制造的困境。

2. 产品识别

社会公众对企业品牌形象的认知主要来自于对企业生产产品的使用体验与服务，产品及围绕着产品的企业为用户提供的服务，实际上承担了企业品牌理念与形象传播最重要的任务。对于任何品牌或者企业而言，产品（包括有形的产品和无形的服务）是最重要的代言人。产品识别（Product Identity，PI）是企业以品牌理念和价值观为核心，整合各项相关要素，有意识、有计划地通过产品设计手段向用户或公众传达产品特定个性的系统设计方法。

与在中国已开展了近二十年的视觉识别（Visual Identity，VI）相比，产品识别和视觉识别有着共同的目标——树立企业品牌统一形象，但是，两者在实施领域、工作方法与对象等方面，有交叉也有不同。视觉识别主要是指将企业的一切可视事物进行统一的视觉识别表现和标准化、专有化；包含基础系统如企业名称、品牌标志、标准字体、印刷字体、标准图形、标准色彩等，应用系统如产品及其包装、生产环境和设备等。视觉识别是将企业理念与价值观通过静态的、具体化的视觉传播形式，有组织、有计划地传达给社会大众，树立企业统一性的识别形象。

简而言之，产品识别设计主要是产品与体验，视觉识别更接近企业广告；产品识别主要是工业设计方法，视觉识别则是平面设计方法；产品识别的传播形式是动静态结合，而视觉识别则相对静态。

在全球化竞争时代，现代企业如苹果、IBM、宝马、奔驰、西门子、索尼等，对品牌形象与其产品识别的统一性、连贯性、互动性越来越重视，希望通过鲜明的产品识别促成用户对企业的识别感、归属感，认同企业品牌文化和理念，进而培养荣誉感和忠诚度。产品识别设计是提升企业、产品竞争力的利器，也是中国制造真正走向中国品牌的重要助推器。

3. 产品族基因提取与产品识别设计

如上文所述，产品族系统设计应该首先充分挖掘并提取企业品牌产品族基因特征，然后通过产品识别设计，建构品牌产品平台系统，进而开展具体项目的设计实践。

产品族基因的提取是设计的第一步，而从工业设计的角度来看，产品族识别设计所需提取的产品族基因可分为显性因素和隐性因素。显性因素是指产品的造型和交互界面，造型包括外形、色彩、材质和人机等，交互界面包括实体、图形和声音等，是可见的和可表征的；隐性因素则是指产品的识别理念和用户体验等，是本质的和不可见的。

我们可以运用解码与编码的工作方式，进行产品族基因提取与产品族识别设计工作，这是产品族系统设计的重要环节。

产品族基因来自于企业在长期发展过程中逐步形成的独特的品牌、文化、产品、制造、工艺、用户、服务等内容，产品族识别设计必须从设计方法层、设计语法层、设计语义层等多个方面提取产品族基因的显性和隐性特征，找出构成产品族基因遗传和变异的设计元素，比如宝马的双肾前格栅、标致的狮子车头造型以及向上挑的"柳叶眉"组合灯、奥迪汽车的"大嘴巴"瀑布式格栅（图7-18）等，这是产品族基因解码的关键。而产品族识别设计编码需要在产品族基因研究的

图7-18
宝马、标致、奥迪汽车的基因特征

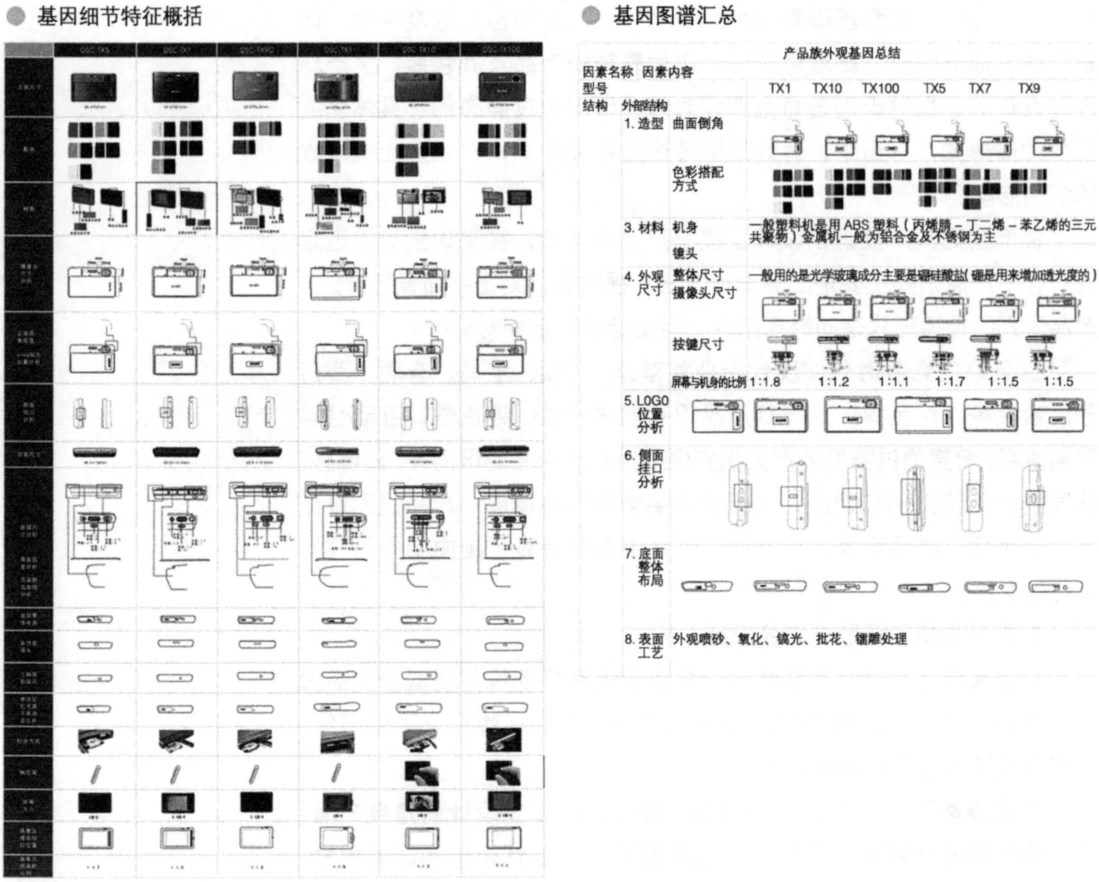

● 基因细节特征概括

● 基因图谱汇总

图7-19
索尼相机产品族基因特征分析

基础上，研究企业品牌理念与核心价值、用户受众体系、产品功能特征、造型、构造风格、材料与表面处理、色彩、标识等，建立符合产品认知特征的显性知识和隐性知识表示模型，并与设计知识相链接，进而开始产品开发概念设计。由此，我们可以把产品族基因提取与产品族识别设计理解为一体两面的关系，前者是后者的设计基础，后者是前者的内容延伸，两者相互影响、彼此关联，为产品族系统设计生成产品平台发挥实质的共同作用。

再继续看大三学生的索尼相机产品族设计分析案例，在产品设计方案展开之前，学生对索尼相机产品族基因特征作了详细的分析比较和提取总结，如图 7-19 所示。

7.2.3 品牌平台与产品设计平台

产品族系统设计的根本指导思想是围绕着企业品牌进行的。在如今的品牌制胜时代，为了使品牌资产在现有市场和潜在市场的价值最大化，必须进行从产品族基因提取、产品族识别设计到产品概念设计，建立系统性产品设计平台，打造具有竞争力的企业品牌平台。

1. 品牌平台

品牌平台是整个品牌系统的起点，是清晰地定义品牌身份及其市场发展战略的基础，也是企业实施品牌战略的核心，直接影响到企业对行业系统的判断、企业设计战略、项目系统定位、产品创新设计等一系列具体的工作导向。

在与世界小家电行业领军企业集团法国赛博公司（简称 SEB）的一次合作中，笔者有幸参与其旗下品牌苏泊尔的产品设计项目研发，得以亲身感受 SEB 法国设计总监为苏泊尔企业进行的品牌平台思考与研究：品牌平台的基本要素可包括品牌驱动、品牌理念、品牌承诺、品牌价值以及消费者态度等五个方面（图 7-20）。主要内容简述如下：

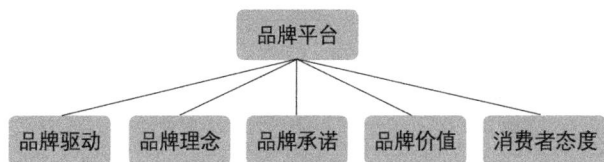

图7-20
品牌平台基本要素

（1）品牌驱动。这是长期的、跨国界的趋势，品牌必须遵循此趋势不断创新和发展它与消费者之间的联系。

（2）品牌理念。这是基于品牌驱动的品牌哲学，它应与消费者追求的普适价值观相一致。

（3）品牌承诺。对消费者而言，这是品牌理念物化的独特主张与表态。

（4）品牌价值。这是企业传播的独特的品牌承诺，是品牌与消费者签订的一种长久的、默会的契约。

（5）消费者态度。这界定了什么样的行为是表达品牌的最佳方式。

对于每一个企业来说，建立一个可持续发展的品牌平台，对基于品牌的企业管理、生产制造、产品开发、产品销售、售后服务等所有企业行为中的各环节都十分重要。品牌平台应该成为企业所有员工的一种共识，通过不断地宣传、执行、实践，使人们在有形与无形之间不断深化认识企业品牌内涵，形成一种具有旗帜性导向作用的价值观。

在品牌平台的诸要素中，品牌驱动是品牌存在与发展的根源性意义和思考。每个年代都有自己的消费趋势，从 20 世纪 70 年代的保守与从众、80 年代的叛逆与流行、90 年代的个性与时尚，到 21 世纪的网络与体验等变化（图 7-21），中国的消费者日趋成熟，人们接收到越来越多日用消费品的信息，对于产品功能上的诉求越来越高，希望得到更多诸如新的功能、新的设计或技术等利益和好处；同时，随着中国经济的不断复苏和振兴，老百姓的生活水准不断提升，消费者渴

七十年代的从众与保守　　　　　　　　八十年代的叛逆与流行

图7-21
各年代消费趋势

九十年代的个性与时尚　　　　　　　　二十一世纪的网络与体验

望产品带来更多愉悦的、有品质的生活。这对于一个有志于在中国发展的品牌而言，都是一些根本性的设计要求，也是企业品牌建立、建设和发展的根本立足点。

　　事实上，品牌价值是品牌平台中最为核心的要素，也称为品牌核心价值。它是品牌平台最中心、最独一无二、最不具时间性的要素，也是品牌一切资产的源泉，因为它是驱动消费者认同、喜欢乃至爱上一个品牌的主要力量；它在很大程度上决定了企业品牌传播的清晰度和特色，也是带给消费者的品牌内涵实质价值所在。品牌核心价值是在消费者与企业的互动下形成的，所以它一方面必须被企业内部认同，另一方面必须经过市场检验并被市场认可。

　　同时，准确定位并全力维护和宣扬品牌核心价值已成为许多国际一流品牌的共识。例如，宝马的品牌核心价值是"驾驶的乐趣和潇洒的生活方式"，宝马的整个研发与技术创新战略都清晰地指向如何提升汽车的驾驶乐趣；最新的7系代表着杰出的工程设计、前沿的科技创新、无法比拟的震撼力、纯正的驾驶乐趣，是宝马品牌价值的最好诠释。再如，诺基亚"科技以人为本"的核心价值意味着诺基亚的高科技不再是冷冰冰的，不仅靠广告讲得人们心里暖融融的，更要靠产品的每一细微之处的开发设计都无比贴合消费者的需要来体现"科技以人为本"的核心价值。还如，劳斯莱斯的品牌核心价值是"贵族风范"，万宝路则是"牛仔形象"，而耐克的品牌核心价值就是"体育精神"等。

　　而笔者在与苏泊尔的小家电产品研发项目合作中，切实体会到苏

图7-22
值得信赖、智巧、舒适
生活

泊尔品牌价值的三个关键词：值得信赖、智巧、舒适生活，如图7-22所示。

（1）值得信赖。在家电制造行业，苏泊尔从制造压力锅开始拥有很长的历史、总体上的可靠性及高质量，这就是"值得信赖"，是品牌存在的理由与宝贵的资产。这如同张小泉剪刀、同仁堂中药等老字号，以及大众汽车、莱卡相机等品牌一样让人产生由衷的信赖感，如图7-23所示。

（2）智巧。智巧是一种既出人意料又在情理之中的聪明的设计表现，可以是大创新也可以是小巧思，应该能够带给消费者一种打动人心的惊喜，也是品牌、产品、消费者之间的一种沟通桥梁（图7-24）。

（3）舒适生活。尤其在今天，使消费者在家里拥有更健康、更轻松和更多佑护的生活，是苏泊尔品牌价值贡献的内在愿望。

从宝马、诺基亚、劳斯莱斯、万宝路、耐克以及苏泊尔等企业案例中，可以看到对品牌核心价值三大内涵"排他性、号召性、兼容性"的追求，既强调独一无二的特点，渴求强大的感召力，也考虑与行业整体发展趋势保持一致，以树百年之品牌。如今，在产业界，甚至企业是否拥有核心价值，也被视为其品牌平台是否经营成功的重要标志之一。

2.产品设计平台

品牌平台是整个企业一切行为发生的总纲，而产品平台则是基于

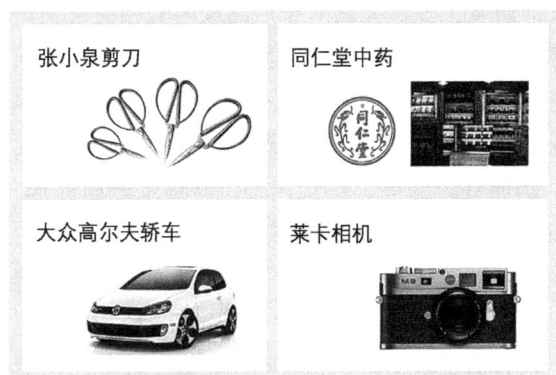

图7-23（左）
值得信赖的老品牌
图7-24（右）
智巧的产品

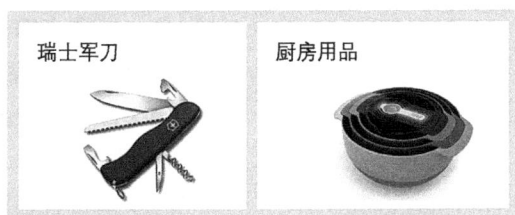

品牌的产品族得以实现的基础。面对当下社会大规模的定制现象，日益快速化的市场情况，以及大批量生产制造的成本问题，产品平台依托产品族基因提取与产品识别设计，以科学合理细分化的方式，通过一系列可共享的、可重用的模块集合与应用，以低成本和快速开发周期满足客户的个性化需求。

与上文谈到产品族的内容定性一致，产品平台既可包括以工程性因素为主的用户需求模型、评估模型、功能、性能、成本、寿命、可靠性、制造规范等内容，也应包括以设计性因素为主的文化、理念、造型、风格、色彩、纹样、语义等内容。相对而言，工程设计角度下的产品平台主要侧重于产品生产技术，更接近一种产品工程平台，而工业设计下的产品平台则更接近一种产品设计平台，两者均强调产品族的核心标准：通用化、模块化和标准化。本小节主要从工业设计的角度阐述基于品牌的产品设计平台构成、方法与实践。

苹果从最早的个人电脑，到如今的 iPod、iPhone、iPad 以及与硬件捆绑的各类软件服务，已形成了一个非常完整的产品与品牌体系；同时，为"大批量制造 + 个性化定制"的生产制造与营销方式，树立了一个基于品牌的产品族设计的成功榜样。苹果公司非常强调持续的产品族创新价值，开展能为品牌带来持续热度的产品族设计，既使用户保持对其原有产品的使用习惯与依赖，又引发用户对探索产品新功能的欲望和期待，专注于一个产品平台的不断系列性持续推进，打造一代又一代受用户持续热捧的产品如 iPod、iPhone 等，从而形成强大的产品族群。从苹果的第一代 iPod 到历代 iPod 产品族图谱（图 7-25）中，我们观察其品牌理念、功能性、造型、构造风格、颜色、标识、材料及表面处理等设计模块，可以清晰地感知苹果品牌的产品平台系统成功的设计环节，乃得以窥斑见豹。

由此，我们应在充分认识品牌驱动、品牌理念、品牌承诺、品牌价值以及消费者态度等品牌平台要素的基础上，围绕着产品族设计思路，建立产品平台共享、通用的设计体系，并以产品设计平台为核心，进行具体某一产品的设计研发工作。尤其对于产品族内的相关系列产品而言，作为企业品牌价值传播的第一阵营成员，对品牌系统性要求下的设计把握和质量监控，在很大程度上依赖于产品设计平台的准确性和可执行性。从工业设计方法出发，产品设计平台需要主要关注品牌理念、消费者态度、功能性、造型、构造风格、材料及表面处理、颜色、标识等八个设计关键点（图 7-26），简述如下：

（1）理念。产品设计必须遵循品牌平台，并清晰传达、体现品牌的核心价值理念。

（2）消费者态度。只有真正地了解消费者态度，设计才能与消费

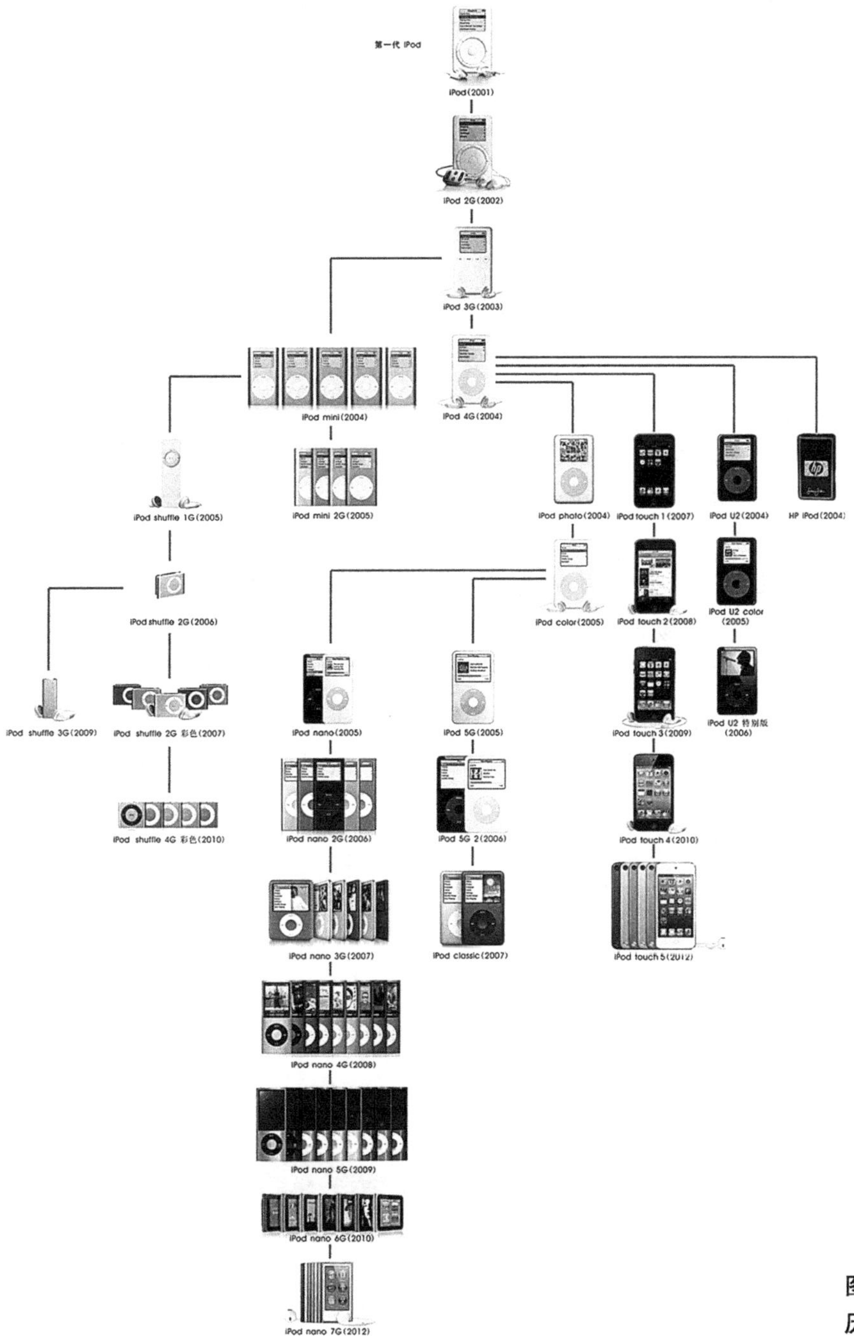

图7-25
历代iPod产品族图谱

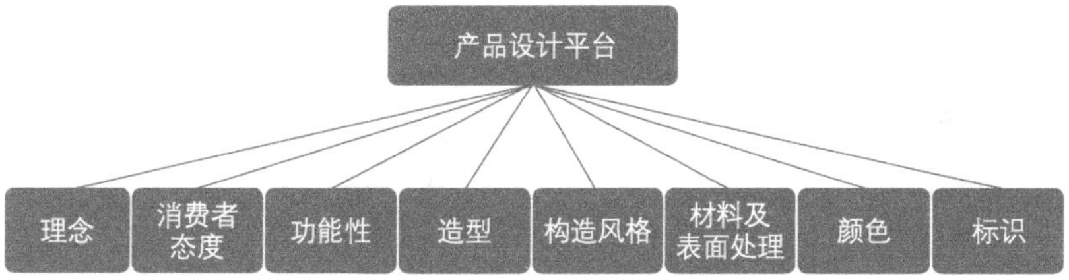

图7-26
产品设计平台关键点

图7-25
历代iPod产品族图谱

图7-26
产品设计平台关键点

第七章　基于品牌的产品族与产品系列化设计

者密切沟通，并通过产品设计更好地表达品牌承诺，实现品牌与消费者双重满意的理想生活。

（3）功能性。设计须突出充分体现品牌核心价值的功能传达。

（4）造型。产品造型设计必须符合品牌形象的定位。

（5）构造风格。一系列通用化、模块化和标准化的产品部件构造及其风格都应坚守品牌标准的要求。

（6）材料及表面处理。尽量选用健康、环保、恰当的材料，并采用能够提高产品使用价值感的表面处理方法。

（7）颜色。应充分重视消费者的传统文化和生活习俗的影响，并通过设计凸显品牌应有的色彩体系。

（8）标识。应易懂、易读、易于为人接受，并在显眼且合适的位置上设计。

在产品设计平台的八个设计关键点中，更接近工程设计因素的构造风格，包含产品中的通用化、模块化和标准化等产品部件的构成要素，相对容易形成通用化、模块化和标准化的设计标准。例如，我们在为苏泊尔企业进行产品设计的实践中，其与产品设计构造风格相关的要求包括：形体、底座、控制面板、壶嘴、可移动的盖、带转轴的盖、挂孔、通风孔形态、排水孔形态、气阀等（图7-27）。另一个易

控制面板
控制面板由不同弧度的曲线与不同直线的结合而成，饱满而富有张力，其位置位于产品前部或顶部。

散热孔
散热孔单元形状为长圆形，可对单元形态进行各种形式的排列。

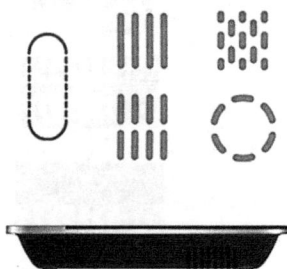

气阀
气阀造型分为两类，一类是圆形，一类是由直线和曲线组成的富有张力的形态。

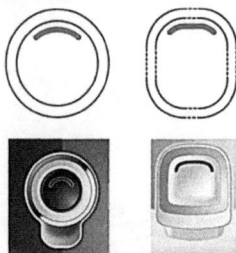

排水孔形态
排水孔形状为圆形，可对单元形态进行各种形式的排列。

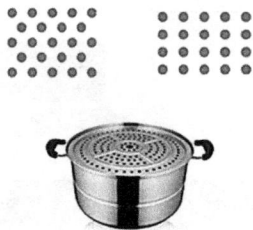

图7-27
苏泊尔产品设计的构造风格

产品系统设计

施钮
施钮以方圆形为基础形态，大小合适，保证良好的手感。

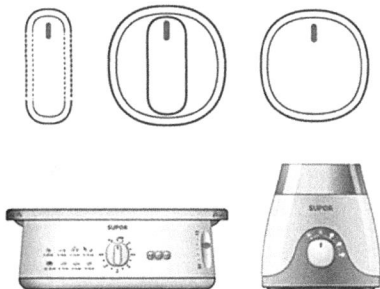

显示屏 / 显示屏边框
显示屏及周围形态为圆角矩形，显示屏的尺寸要保证使用者能够易于看清显示内容。

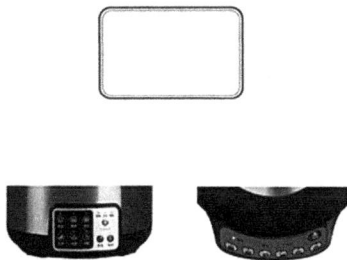

开盖按钮
开盖按钮的外形为扁平的方圆形，尺寸需较大，便于使用。

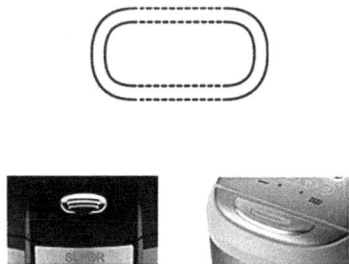

水窗
水窗外形为长圆形，不论其以实体或其他形式（如丝印）体现，都需使用此形态。水窗外表面应杯身外表面齐平。

图7-28
苏泊尔产品设计的人机界面因素

于形成通用化、模块化和标准化的是产品使用功能中的人机界面因素，例如在苏泊尔小家电产品设计实践中提到的独立按钮、多个按钮、旋钮、开盖按钮、拨钮、简单指示灯、显示屏、显示屏边框、显示屏周围、水窗等（图7-28）。

尽管，并非所有的产品设计平台要素都可以被通用化、模块化和标准化，比如理念、消费者态度、功能性、风格等要素就存在很大的弹性认知空间，需要企业内部员工和消费者在实践过程中一起逐步建立一种模糊的共性认知。但是，我们设计团队在参加苏泊尔品牌产品设计研发的过程中，依然深切地认识到基于品牌的产品设计平台对于具体设计工作的指导意义和价值，它可以在产品基础性设计定性工作中起到一种很大的设计约定作用，协调产品开发过程中各种参与人员的认识偏差，形成一种系统性的设计合力。于是，为了更直观地感知、理解、把握产品设计平台，专门设计了一张围绕品牌核心价值的产品设计平台系统图解（图7-29），以帮助项目所有设计参与人员更好地开展设计创作与分析，最终完成我们设计团队负责的电压力锅产品族设计项目，如图7-30~图7-32所示。

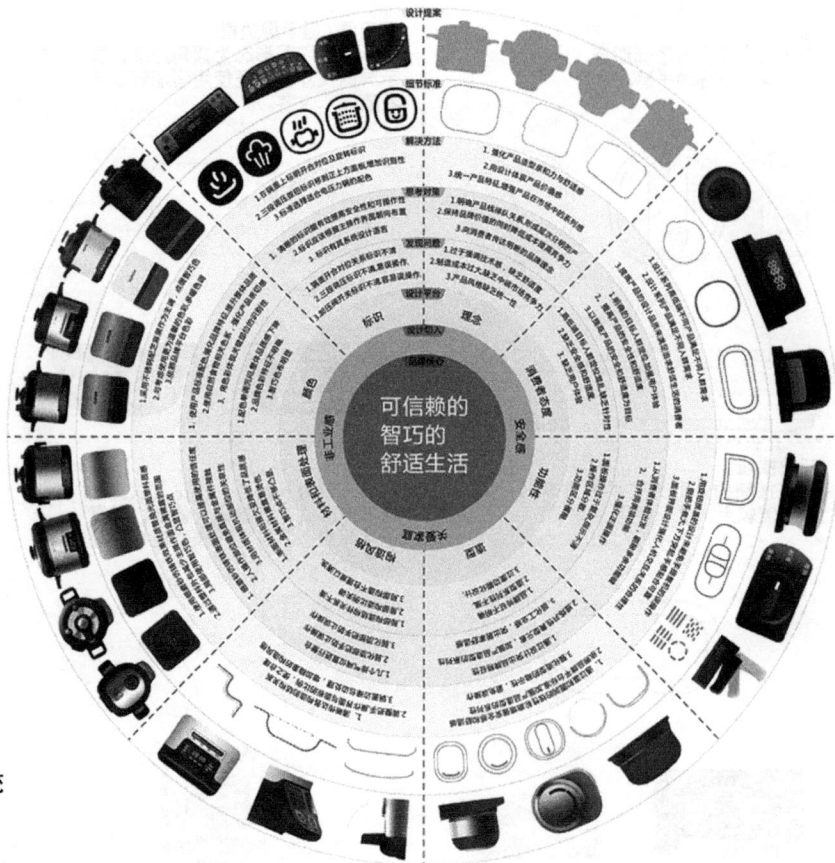

图7-29
苏泊尔产品设计平台系统
图解

品牌核心	设计切入	设计平台	发现问题	思考对策	设计解决
		理念			
		消费者的态度			
		功能性			
可信赖的 智巧的 舒适生活	工业产品感 关爱家庭 不安全感 关键问题	造型			
		构造风格			
		材料和表面处理			
		颜色			
		标识			
		界面			

图7-30　苏泊尔产品设计平台关键点

产品系统设计

过程比较
Yc1 & Yd1 设计细节

密封·
排气

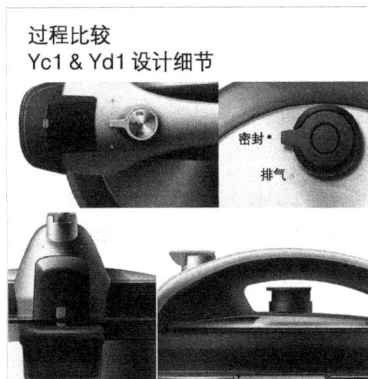

设计师必须与品牌合为一体，完全地掌握平台，
并在平台里执行设计项目；
品牌设计必须给消费者需求和期望提供清晰和
满意的答案；
设计师必须表现出归于品牌的合理卖点；
品牌设计须帮助品牌识别

图7-31
苏泊尔电压力锅设计过程

图7-32
苏泊尔电压力锅产品族
设计图谱

7.3 基于品牌的产品系列化设计

7.3.1 关于产品系列化

今天，随着市场和消费者需求的多样化、个性化，靠单一或凌乱的产品显然不能满足消费者对品牌的期望。试想一个展柜上的产品种类繁杂无序，或者零零散散，消费者都很难对一个品牌产生好的整体印象。为在市场竞争中掌握主动、争取更多的细分市场，提升品牌整体形象和竞争力，系列化设计创新已成为产品开发中的基本战略之一。

所谓系列，是一个概念相对广泛的词语，意指相互关联的成组成套的事物或现象。从词义上讲，产品系列化是指把系列的内涵、方法、关系等广而化之应用到产品设计中去。根据系列化的实际应用情况，系列化可以分为狭义系列化和广义系列化两类，如下：

狭义系列化主要从工程设计等专业领域看，系列化的概念是从标准化演绎而来，标准化的常用形式包含简化、统一化、通用化、系列化等；系列化是标准化的高级形式，是标准化高度发展的产物。系列化通常指产品系列化，是使某一类产品系统的结构优化、功能最佳的标准化形式；它通过对同一类产品发展规律的分析研究，经过全面的技术经济比较，将产品的主要参数、形式、尺寸、基本结构等作出合理的安排与计划，以协调同类产品和配套产品之间的关系。国家标准化管理委员会将系列化（Seriation）定义为"将同一品种或同一形式产品的规格，按最佳数列科学排列，以最少的品种满足最广泛的需要。这是标准化的一种形式。"

广义系列化主要从社会生活等应用领域看，对系列化的概念和应用则多种多样，比如：系列化包装、系列化主题、系列化商机、系列化活动、系列化产品等；系列化的内容既包括物性相同、功能相同、属性相同、结构相同或相近的物体或事情，也包括在功能上、品种上没有任何关系的产品组合在一起构成一种更具商业竞争力的系列化。比如：在当下的手机市场，往往将保护套、耳机、移动电源、手机支架等各种各样的配件作为手机产品系列的重要构成要素，具有良好的市场销售效应。

另外，在上文中重点阐述了产品族概念：产品族是企业在较长时间发展后出现相似性、继承性、稳定性的一系列新旧产品群体；是以产品平台为基础，通过共享通用技术并定位于一系列相关联的市场应用的一组产品，其基本特征是通用化、模块化和标准化。产品族与产品系列化概念相比，两者有相似之处，也有不同侧重之处，如表7-1所示。

产品族与产品系列化概念比较　　　　　　表7-1

序号	比较项目	产品系列化	产品族
1	概念定性	●相关联、标准化	●相似性、继承性（产品族基因）
2	设计维度	●横向的品类扩展	●纵向的时间维度
3	内容范围	●范围更大	●范围较小
4	产品种类	●种类更多	●种类较少
5	设计内涵	●是结构优化、功能最佳的标准化形式； ●以最少的品种满足最广泛的需要	●是大规模定制中的核心内容； ●以低成本和快速开发周期满足客户的个性化需求
6	服务对象	●一般产品均可	●以品牌产品为主

通过上述比较，我们认为在相关内容范围、产品种类上产品系列化包含了产品族。但是，两者在概念定性、设计内涵和服务对象等方面有所不同，在以企业品牌为导向的设计中，产品族由于注重继承性、产品族基因等"族"的属性，及其大规模定制、低成本和快速开发周期等设计内涵，与产品系列化概念相比，产品族更合理、更科学地符合了企业发展的趋势与需求，成为企业系列产品创新的核心内容。

对于现代企业而言，产品族相当于产品系列化的专业版、升级版，两者之间的关系千丝万缕、不可截然分割，在一定意义上产品族可以取代狭义产品系列化的概念。由此，本文以下所指产品系列化主要从广义产品系列化的角度来阐述，相对于产品族主要是从纵向的时间维度来看，产品系列化则更多的是从横向的品类扩展来看，可基本包含表7-2所示的三种产品系列化设计类型（表7-2）。

广义产品系列化设计类型   表7-2

序号	产品系列化设计类型	以手机企业为例的产品系列内容
1	以品牌产品为核心 ——单一品类产品系列化设计	手机的各种配置、配色等
2	以品牌产品为核心 ——各种配件产品系列化设计	手机+保护套、耳机、移动电源等
3	以"品牌+X"为导向 ——多种类型产品系列化设计	品牌+生活体验、商业热点、跨界服务等

7.3.2 产品系列化设计

产品系列化具有灵活、迅速、经济的特点，既能加速新产品的拓展，尽可能满足用户的多方面需求；又能合理简化和规整品种，扩大通用范围，增加生产批量；还能降低成本，并将设计价值最大化。在产品系列化的设计中，无论是哪种类型的系列化设计，均应关注产品系列的内在与外在两方面基本因素：

（1）内在，应具有相同、类似的核心理念、共性技术、共通结构等因素；

（2）外在，应具有相同、类似的风格、品相、形态、语义等因素。

与产品系列化本身所具有的多样性、灵活性一样，产品系列化设计也应根据项目的实际需求，在坚持"以最少的品种满足最广泛的需要"系列化设计原则的基础上，灵活掌握系列化设计的内在与外在因素，把系列化的概念和方法运用到产品创新设计与推广中，形成有序、高效、多样、完整的立体化产品层次体系，以低成本、结构优化的方式为企业赢得更多市场和利润，进而提升企业品牌的整体形象及竞争力。

在这里，根据上文中提出的产品系列化的三种设计类型的不同情况和要求，逐一展开产品系列化设计实践与研究。

1. 以品牌产品为核心——单一品类产品系列化设计

通常，以品牌产品为核心的单一品类产品系列化设计，是产品系列化设计最常见的一种形式。当企业通过对市场需求的分析，充分认识行业的顶层设计，把握企业自身的设计战略，明确项目选择的设计定位，并在品牌平台的指引下，结合产品设计平台，完成基于产品族的设计创新后，为了更好、更大地发挥企业已有资源和成果，也为了更广、更宽口径地满足消费者的需求和喜好，企业往往以其核心产品为基本单体，利用产品功能单元的增减、标准部件的多少、色彩关系的变化、图案肌理的选配等系列化设计手段，打造新的系列化产品，参与日趋激烈的市场竞争。

以品牌产品为核心的单一品类产品系列化设计呈现成套系列的状态：具有相同功能，但不同规格、尺寸、色彩或材质等产品形态构成要素组成的系列。这是品牌产品设计中省力而有效的方法，不仅能提升品牌整体形象，在广告宣传中也夺人眼球，激起消费者的购买欲，看看缤纷的 Swatch 手表（图 7-33）、诱人的雪糕包装（图 7-34）、时尚的佳能相机（图 7-35），让人恨不得买下一整个系列的产品。

再如，大家对贴满各地航空公司标签的"沟槽式"铝合金旅行箱一定不会陌生，这就是世界级旅行家们的首选——RIMOWA，一个铝镁合金及聚碳酸酯旅行箱的高级品牌，也是现今德国仅余拥有悠久历史的旅行箱制造商。1950 年，首个箱面设有凹凸坑纹的铝材旅行箱（图 7-36）成了 RIMOWA 的经典标志，这个设计糅合了最小的重量及最大的稳定性，经常搭乘飞机穿梭各国的旅行家已视 RIMOWA 旅行箱为一种身份的象征。

RIMOWA 针对不同用户群体的需求，通过在滚轮、密码锁、转动手柄、内袋设计等所有细节方面不断创新，完美阐释"德国制造"的

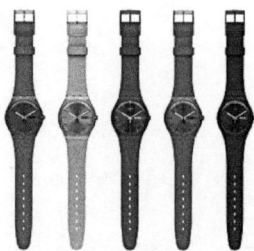

图7-33
Swatch炫彩系列手表

图7-34
Italia水果系列雪糕

图7-35
佳能IXUS230HS系列相机

优质材料、卓越科技、独特设计及超凡手艺，推出了一系列不同型号、功能、材质、颜色的旅行箱。

以 RIMOWA 产品的功能配置系列化为例，在 1976 年推出用于相机和照相设备的旅行箱（图 7-37），备受影视制作人员、专业摄影师及记者的喜爱，该摄影箱系列能保护各类专业器材免受水、潮湿、炎热及严寒气候的影响。再如，其 Pilot 系列是最受全球航空公司人员欢迎的旅行箱，原本是为机组人员而设，但现在也深受商务旅客青睐，因为它能严密保护装载的物品，并且将一切存放得井井有条。旅行箱内部设有可以移除的分隔板、手提电脑袋和电线袋，而且旅行箱的盖子只要从上方打开，就可以直接取出所需的物品和文件，令 Pilot 系列成为最适合用于演示简报的旅行箱（图 7-38）。

以 RIMOWA 产品的材料、色彩配置系列化为例，2000 年，RIMOWA 成为全球首个采用高科技材料聚碳酸酯这种轻巧但坚固、防撞效果极佳的航空业物料的旅行箱制造商，推出了以聚碳酸酯打造的系列旅行箱（图 7-39）。几乎每年 RIMOWA 的产品系列都会有持续的创新和拓展，如 Salsa Deluxe 系列的全新色系，Topas Titanium 豪华系列，极具突破性的最轻巧行李箱 Salsa Air 系列（图 7-40）。

图7-36
RIMOWA行李箱

图7-37
RIMOWA摄影箱系列

图7-38
Pilot & Attache系列行李箱

图7-39
Salsa系列行李箱

图7-40
Salsa Air系列行李箱

2. 以品牌产品为核心——各种配件产品系列化设计

因为一款产品取得了极大的市场成功，形成了一种产品的流行趋势，甚至已经成为一种文化、一种生活方式的象征，于是，诸位有识之士纷纷看好、瞄准该产品的潜在价值，围绕着该产品进行其周边配件产品的系列化开发，以尽最大可能地获取市场的最大利润。的确，这是一种产品取得成功、效益最大化的有效方式。

以品牌产品为核心的各类配件产品系列化设计类型，也是市场上最常见的一种形式，在这个领域，当下最具说服力和感染力的莫过于苹果公司，苹果 iPhone 自身取得的成功已毋庸多言，更为令人惊讶的是由苹果带动的周边配件产品的全球产业群效应，各种各样的 iPhone 周边配件（图 7-41）的创新、设计、制造、销售等，可谓五花八门、精彩纷呈！

再如，在一次项目合作中，我们为苹果配件品牌美国 Coolous 公司进行了"Alien"系列手机保护壳设计，适用于 iPhone4/4S。美国人对于科幻有一种特殊的情结，X 战警、第九区、源代码、盗梦空间、机器人总动员等科幻大片层出不穷，项目启动也恰逢《变形金刚》影片

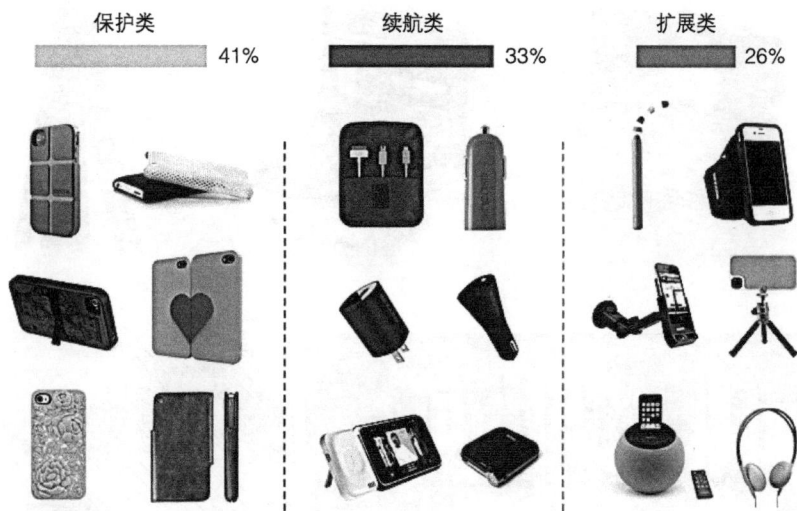

保护类 41%　续航类 33%　扩展类 26%

图7-41
iPhone周边配件

产品系统设计

即将上映；我们考虑手机配件是日用消耗品，且使用周期短、更换频率高，应设计系列化产品给消费者提供多种选择，并通过市场用户的喜好不断促进、维持其购买热度，于是，最终设计决定将系列产品主题定为"外星人"。设计小组经过对苹果手机用户群体的特征、使用情境等方面的调研分析，提交了这个个性形象鲜明、具有独特双层结构的手机保护壳系列设计，简述如下：

（1）产品系列主题设计演绎（图7–42）。人们关于外星人的猜想从未停止过，这是人类的好奇心与探索未知世

图7–42　外星人形象

界欲望的表现。对已成为街机的 iPhone，人们有自我个性形象的诉求，无论是手机内容的个性定制，还是其外观的自我重塑，凸显这是"我"的 iPhone，这是赋予产品更多形象寓意的系列化设计（图 7–43）。

（2）产品系列混合结构设计。本产品系列采用可选择的双层材质混合结构设计。由于消费者在选择保护类配件产品时，相当注重产品的安全保护功能和使用方便性，本设计采用独特的双层材质混合结构（图 7–44），由坚硬的 PC 外壳作为框架，平滑有弹性的 TPU 作为衬底保护；同时，充分考虑到其使用过程、拆装过程中的便利及趣味，让用户自己动手参与到产品的装配和搭配中来，形成一种易拆装的、有

图7–43
iPhone个性化定制

图7–44
双层材质混合结构

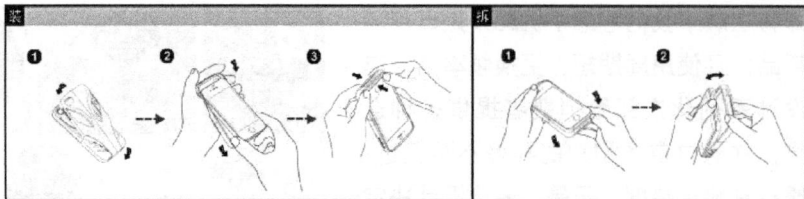

图7-45
拆装过程

趣的产品行为设计（图7-45）。这种混合结构在外形上极具视觉冲击力，同时也为使用者提供了贴心、安全的抗震防摔保护。

（3）产品系列个性组合设计。独特的产品混合结构设计也为系列化组合提供了多种可能性，针对国内市场和海外市场的不同需求，我们推出了系列化的产品颜色，用户可单独购买彩色 PC 外套，随意更换组件，把自己喜欢的颜色组合在一起，充分体现个性和魅力，如图 7-46 所示。

在项目的实施过程中，还有一个颇为有趣的苹果周边配件产品"印象国度"手机保护壳系列化设计（图 7-47）值得一提。在这个设计中，

图7-46
"Alien"手机保护壳系列化色彩设计

图7-47
"印象国度"iPhone手机保护壳系列化设计

采集了多个国家的用户对各国景、物、人的典型印象的调研结果，通过设计师对其印象的艺术性描绘，设计了一系列国家的印象图案，且新的国家图案随着产品推广而不断增加。同时，该产品还做了一个与用户的宣传互动，把用户自己拿着手机壳与该国家标志性建筑或风景的合影，和其他用户分享，留在"印象国度"手机系列图案中。

3. 以"品牌+X"为导向——多种类型产品系列化设计

以品牌产品为核心的单一品类产品、各种配件产品的系列化设计，并不是品牌所希望的全部产品系列内容，对于品牌来说，市场和消费者的愿望就是他们的动力；而市场和消费者的需求和表现形式是多种多样的，仅限于企业核心产品的单一品类产品和配件产品，远远不能充分体现一个品牌的价值与理念。这时，对于企业来说，需要设计的已不仅仅是产品，而是丰富多彩的生活，是品牌究竟能够提供一种怎样的生活态。因为品牌始终是一个企业的灵魂和内涵，我们不妨尝试以"品牌+X"的思考方式来回应问题，"X"代表着任何可能的事物，可以包含各种产品与事情。本文主要从"品牌+生活体验"、"品牌+商业热点"、"品牌+跨界合作"等三个方面展开产品系列化设计研究。

1)"品牌+生活体验"产品系列化设计

"设计的不仅是产品，更是生活。"诸如此类的话，在今天已成为产业界、商业界的共识。谈到品牌与生活体验，尽管前文已提到过多次，但依然只能很无奈地坦白：最具人气、最受注目的品牌与生活体验案例还是苹果。在世界各地的苹果体验中心，你可以看到iMac、iPhone、iPad、iPod、iTouch等苹果的核心产品系列，也可以发现苹果的头戴式耳机、背包、保护壳、臂带和贴膜等围绕着生活体验的产品系列，以及高品质的苹果体验中心空间和服务员苹果式的微笑……一切都是苹果系列的产品，是苹果生活的体验。

在为生活服务的体验设计方面，依然有很多极棒的品牌案例，只是它们被苹果遮住了光芒，比如雀巢推出的顶级品牌Nespresso（图7-48）。认识Nespresso是一个非常偶然的机会，在一个夏天，我和朋友们在法国香榭丽街大道上逛街，正觉得有些累时，便于不经意之间看到了Nespresso旗舰店，从咖啡豆、咖啡胶囊、咖啡杯、咖啡机到咖啡桌，其浓郁、醇厚、完美、周到和独特的咖啡氛围，令我留下了记忆深刻的体验认知。的确，Nespresso卖的已不仅是咖啡胶囊或咖啡，也不仅是咖啡机、奶泡机、咖啡杯等，而是一种融合了快速、精致、享受于一体的新都市品质咖啡生活。

Nespresso从咖啡原材料的选取到咖啡机、相关用品、器具以及专卖店体验环境的设计，甚至服务都体现出他们的独具匠心。他们到世界上最好的咖啡生产国寻找优质咖啡，并通过教育当地农户，确保

图7-48（左）
Nespresso品牌
图7-49（右）
Nespresso在咖啡原料地
教育农户

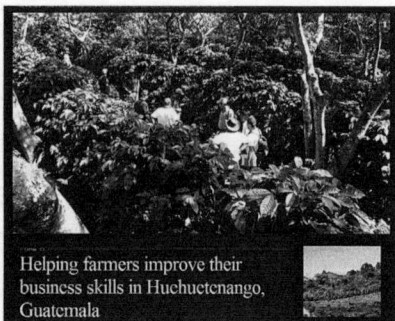

Helping farmers improve their business skills in Huehuetenango, Guatemala

图7-50
Nespresso咖啡胶囊

每一款咖啡的种植、收割和分捡都采用传统手工技术（图7-49）。

Nespresso 的最大卖点是专利加工技术制成的热封胶囊式咖啡（图7-50），并与世界顶级家用电器商 Turmix、Magimix、Krups 等共同开发利用高压萃取系统的特制咖啡机（图7-51）。只需要将咖啡胶囊塞入咖啡机，按下一个按钮，两三分钟后就能享用一杯浓缩咖啡了。其定位于家用和办公室用，与以往的咖啡机相比，操作更便捷，体积更轻巧，非常适合于当下人们快节奏、简单的生活方式。体验过它的人就知道，快速不等于低品质。

Nespresso 的专卖店选址总是与 LV 和 Chanel 等奢侈品牌为邻。全球专卖店都统一沿用了法国建筑设计师 Francis Krempp 的设计，深褐色的木质家具、纯白的墙面、台灯、杯碟，无不唤起人们对一杯浓醇咖啡和牛奶泡沫的联想。店内的主角是一堵绚丽多彩的咖啡"胶囊墙"，各类咖啡用具——特制的咖啡机、精致的咖啡配件、限量版咖啡杯、旅行套装、胶囊盛放器，环绕在专卖店四周，如图7-52所示。在店里的咖啡吧，有技术纯熟的咖啡师门为你调配出完美的咖啡，训练有素的服务人员以行家的口吻向您介绍不同种类的咖啡口味，咖啡专家为你提供咖啡品位之

图7-51 Nespresso咖啡机

图7-52
Nespresso专卖店

图7-53
Nespresso咖啡体验

道，并展示如何判断各款咖啡芳香的种类与精妙（图7-53）。坐在时
尚舒适的沙发上品一杯醇香的浓缩咖啡，是多美妙的体验！

2）"品牌＋商业热点"产品系列化设计

随着商业竞争的越来越激烈，商业价值成为设计中的重要因素，
设计将紧密地与商业行为相结合，紧扣并细分消费者需求。当下非常
普遍的一个现象是，几乎所有的公司都热衷于在不同的节日、节庆推
出相应的系列产品，既扩大其品牌影响力，又参与商业热点市场机会
的分享。商家充分利用日常生活中的各种节日庆典，诸如圣诞节、情
人节、儿童节等，甚至还会"没有热点便制造热点"，以争取商业热点
中蕴藏的市场机会，如某地区的旅游节、某品牌的周年庆等，围绕着
这些具有特定主题的节庆活动，通过诸如限量版、纪念版等系列设计
与产品宣传手段，以期成为受消费者热捧的产品。

这一类型的产品系列化设计，在坚持企业品牌理念的基点上，重
要的是对于产品系列化设计主题的确定，其主题既要符合品牌建设的理
念，也要融合商业热点的氛围要求。围绕着商业热点的"限量版、纪念款"
产品系列，一直是各大品牌重金打造的对象。对某个品牌具有一定忠
诚度的消费者很容易为之疯狂，此时的理性消费会被消费感性冲动所
打败。例如，MINI 为其 50 周年庆特别推出的纪念版车款 MINI Cooper
Mayfair 和 MINI Cooper S Camden（图 7-54），便极受市场热捧。

另外，MINI 在 2011 年圣诞节推出了一系列儿童产品，让家长们
为孩子准备礼物时有更多的选择，这个以 MINI 儿童为主题的系列产品
包括玩具车、拉杆箱、折叠自行车、手表、衣服等，甚至包括围兜和

图7-54
MINI50周年纪念版车款

图7-55
MINI2011年圣诞儿童系列产品

婴儿袜（图7-55）。MINI推出的这一系列产品均会配有独特个性的MINI标识，以彰显产品的特殊身份。

3）"品牌＋跨界合作"产品系列化设计

"跨界"（Crossover）是时下出镜率很高的字眼，英文中原意是"转型、转向"，在诸多领域被引申为"跨界合作"，意思是跨越两个不同领域、不同行业、不同文化、不同意识形态等范畴而产生的一个新行业、新领域、新模式、新风格等。跨界合作往往并不在意产品与设计的形态，无论是物质产品还是非物质产品，也无论是产品设计还是服务设计，其最大的价值是让原本毫不相干甚至矛盾对立的元素，相互渗透、相互融会，从而产生新的亮点，企业通过提供新的产品与服务，满足生活潜在的需求，进而赢得更多的市场机会。

要对一种新生活方式进行革新，并非是一件易事，这涉及多领域、跨行业的多系统问题。RIMOWA便是一个致力于创新、勇于对未来生活方式探索与追求的品牌，比如其极具革命性的最新产品——划时代的行李箱Bag2Go（图7-56）。2013年，空中巴士❶、RIMOWA和T-Systems❷打破行业界限，这三家分别在飞机制造、行李箱制造以及信息通信科技范畴位列世界翘楚的企业跨界合作，联手为旅行方式带来重大革新。在第50届巴黎国际航空展上，他们展示了这个全新的智能行李箱方案，首创能够独自踏上旅程的智能行李箱，旅客可通过智能手机的应用程序接收一切旅行指示，完全掌握行李箱的动向，飞行旅程中最繁重的部分，将成为过去。

---

❶ 空中巴士是业界领先的飞机制造商，为市场提供最现代化和最全面的航班系列。由欧洲宇航防务集团拥有，总部设于法国卢兹。空中巴士致力于提倡创新科技，所开发的航机跻身于全球最具燃油效益和最宁静的飞机之列。已向全球350位客户出售了逾12800架飞机。

❷ T-Systems运用旗下的全球数据中心和网络基建，致力于为跨国企业和公营机构营运信息及通信科技(ICT)系统；为未来联网的企业和社会提供综合方案，将业内专业知识和在信息及通信科技领域的创意结合起来，为世界各地客户的核心业务增添庞大价值。

图7-56（左）
RIMOWA行李箱Bag2Go
图7-57（右）
RIMOWA行李箱Bag2Go
智能模块

Bag2Go 是一个产品，更是一个服务，是一个由系列技术、产品与服务构成的大系统。全新的智能行李箱，内置无线电和软件模块，且设有显示屏（图 7-57），旅客只需运用智能电话的应用程序，就可输入所有必需的航班数据，并传送到航空公司。航空公司收到之后，会将数据化成计算机条形码，再传送到行李箱的显示屏；计算机条形码会为行李箱编排独特的识别数据，与旅客本身链接，用作办理托运行李手续，以及将行李箱送抵目的地。此外，航空公司会就运载行李箱的每班航机，创设另一组条形码，当中载列行李箱重量、拥有人姓名等资料，以及所有关于该班航机的详情。这些资料有助于行李箱独自踏上旅程，无须旅客操心，即使航班临时更改或取消，或旅客未有转机，也不受影响。

这款智能行李箱，也有助于航空公司节省在处理行李箱以及遗失行李方面的成本。根据专门分析航空数据的机构 SITA 所提供的资料，航空公司每年在行李遗失或延误方面的损失，高达约 25 亿美元，每1000 名旅客之中，就有超过 11 件行李下落不明或遗失数天。

同时，Bag2Go 也将拓展智能行李箱租赁的新服务项目。T-Systems 已为这个跨业界的创新项目，开发了全球性的信息及通信方案，并会负责在其本身的数据中心操作应用系统。空中巴士、RIMOWA 和 T-Systems 计划继续合作，为各自的客户开发更多机场和流动方案，可让航空公司和物流企业提供行李箱提取和派送服务，协助客户将行李箱由家中送到酒店等目的地。随着这套全新系列服务与产品概念的不断发展，相信将汇集更多技术提供商、生产制造商、信息产品服务商等参与。

作业安排
1. 结合实际案例，分析品牌设计与产品设计的关系。
2. 完成一个基于品牌的产品族系统设计提案。
3. 完成一个基于品牌的产品系列化设计提案。

8

第八章　基于城市的产品系统设计

【本章内容摘要】

为城市设计，对于工业设计而言，这是兼具城市与产业双重属性的产品系统设计。伴随着中国城市化进程的迅速发展，城市生活日益繁荣，城市功能系统日趋庞大，作为城市一部分的环境设施与户外产品系统变得越来越重要，其功能、层次、种类、结构越来越多样化。本章对城市角度下的城市设施产品的概念与构成进行梳理，剖析其系统设计原则，展开对地域文化背景下的城市家具系统设计研究，进行城市生活需求下的城市装备系统设计实验。本章重点是城市家具设计与城市装备设计。

8.1　城市生活与产品设计

8.1.1　城市生活与产品

城市生活是一个很大的概念，从城市中心到城市郊区、户外空间到室内空间、城市白天到城市夜晚，几乎无所不包，本书主要是从城市户外生活谈与城市相关的各种城市设施产品：既与城市建设紧密相关，又与产业制造不可分割的一种相对特殊的产品系统设计。

关于城市设施产品领域的讨论与研究往往伴随着城市的发展而发生。在一定意义上，城市设施产品是城市的自然衍生物。然而，一直以来，关于城市的历史与理论总是被建筑、规划、园林等这类伟大的项目所遮蔽，如日晷（图8-1）、路灯（图8-2）、地铁站（图8-3）之类的城市设施产品处于一种附属角色，城市设施产品的历史自然就成了碎片化的"野史"而无从谈起。显然，今天城市全方位、高品质、细节化的建设要求与城市设施产品历史文献资料的匮乏之间呈现出强烈的反差。因此，城市设施产品设计研究日益成为现代城市发展过程中的重要一环。

对于力求打造生活品质的城市而言，研究城市设施产品系统设计已经成为营造其城市美学的一个重要组成部分。生活品质的塑造来源

图8-1　日晷

图8-2　鸟笼灯

图8-3　巴黎的地铁站

于城市建设的方方面面，其中，城市户外生活是非常重要的一个组成部分。对于城市中的人来说，户外的公共空间就如同一片森林，而人们对于户外生活的渴求就如同叶子选择生长的角度以接收阳光一样，城市设施产品则是人们在户外公共空间生活中的必需要素。城市户外活动可以分为三种类型，即必要性活动、自发性活动和社会性活动。每一种活动类型对于外界物质环境的要求都大不相同，如表8-1所示。

户外空间质量与户外活动发生的相关模式　　　　　表8-1

	物质环境的质量	
	差	好
必要性活动	●	●
自发性活动	·	⬤
社会性活动	●	●

1. 必要性活动

必要性活动包括了那些多少有点不由自主的活动，如上班、上学、购物、候车、出差等。换句话说，就是那些人们在不同程度上都要参与的所有活动。一般来讲，日常工作和生活事务属于这一类型。在各种活动之中，这一类型的活动大多与交通出行有关。因为这些活动是必要的，一年四季在各种条件下都可能发生，参与者没有太多的自由选择余地，主要取决于城市设施产品系统诸如道路、桥梁、地铁、公交巴士、出租车、公共自行车、信息指示牌等的完善性，以及整体系统运行的合理性与有效性。

2. 自发性活动

自发性活动是另一类全然不同的活动，只有在人们有参与的意愿，并且在时间、地点都可能的情况下才会发生。这一类型的活动包括了散步、呼吸新鲜空气、驻足观望有趣的事情以及坐下来晒太阳等。这

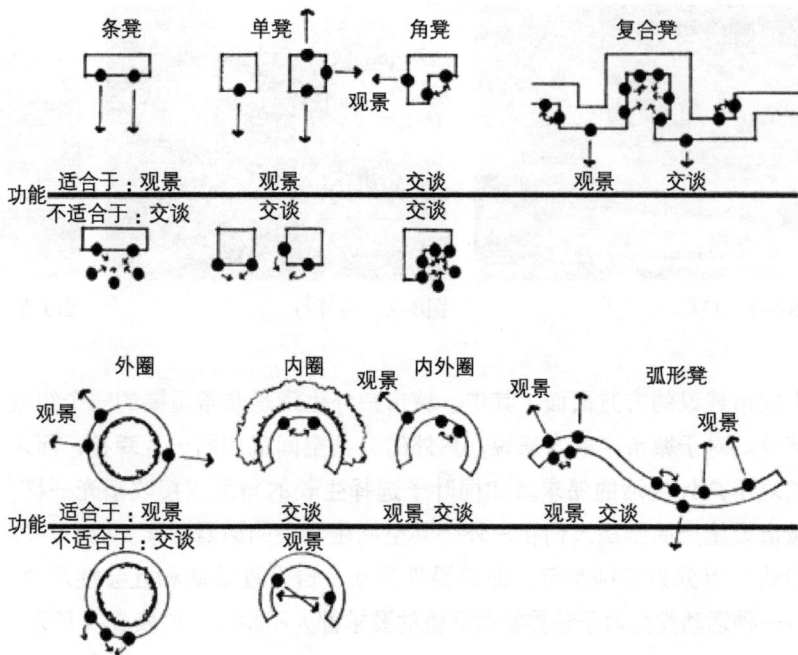

图8-4
不同坐凳形式对行为与使
用的影响

些活动只有在外部条件适宜、天气和场所具有吸引力时才会发生。对于物质环境的规划而言，这种关系也是非常重要的，如图 8-4 所示。因为大部分属于户外娱乐的活动恰恰存在于这一范畴，这些活动特别有赖于外部的物质条件诸如路灯、景观灯、休息亭、座椅、栏杆、花坛、喷泉、公共艺术小品等。

3. 社会性活动

社会性活动指的是在公共空间中有赖于他人参与的活动，包括儿童游戏、互相打招呼、交谈、各类公共活动以及最广泛的社会活动——被动式接触，即仅以视听来感受他人。由于社会性活动发生的场合不同，其特点也不一样。在住宅区的街道、学校附近、工作单位周围等区域，总有一些人有共同的爱好或经历，因此，公共空间中的社会活动是相当综合性的，比如打招呼、交谈、聊天乃至出于共同爱好的娱乐等。由于人们彼此"相识"，没有特殊的原因，他们都会经常见面。而在市区街道和市中心，社会活动一般来说是浅层次的，大多是被动式的接触——即作为旁观者来领略素不相识的芸芸众生；然而，即使这种有限的活动也是极有吸引力的。人们在同一空间中徜徉、流连就会自然引发各种社会性活动，这意味着只要改善公共空间中必要性活动和自发性活动的条件，就会间接地促成社会活动。这对于从生活出发开始城市设施产品系统设计是具有指导性意义的。

随着科学技术、信息传播、城市运输等系统的日益进步与普及，城市的职能将向着高度集约化转变，人们的生活空间急剧扩大，生活内容越来越丰富，生活质量也得到不断提高，城市设施产品作为城市建设的重要部分将引起社会公众的广泛重视，并向着更为广阔的空间发展渗透。

8.1.2 城市设施产品的概念与构成

1. 城市设施产品的基本概念

城市设施产品并没有固化的概念限定，最早的相关概念"街道家具"（Street Furniture）一词起源于欧美等经济发达国家，现在也译成"城市家具"（City Furniture），类似的词条还有 Urban Furniture。在欧洲，人们也称为 Urban Element，直译为"城市元素"。在日本，其被理解为步行者的家具，或者称为道的装置，也称"街具"。随着现代城市规模的快速发展，城市系统功能也日益增加，又出现了内容范畴更广的"城市基础设施"（Urban Infrastructure），以及"城市装备"（Urban Equipment）等概念。

本书所提城市设施产品主要是指城市生存和发展所必须具备的公用性、公益性、工程性与生产性设施，包含城市家具、城市装备等概念。在这里，我们把城市家具直观理解为城市中的家具的概念，其布局位置呈相对静态；城市家具将力求营造城市户外空间像家一样布局合理、方便舒适的生活氛围，主要内容小到果皮箱、标志牌，大到路灯、公交站台等。同时，我们把城市装备直观理解为城市中的机械电动装备的概念，其布局位置呈相对动态，城市装备将为城市提供日常维护运行、应对各类突发事件等公共服务，主要内容包括公共巴士、出租汽车、公共自行车、移动商业摊车、轻型清障车、轻型环卫车以及电动车充换电站等各种交通配套设施。

以城市户外生活需求为导引，城市设施产品内容可包括信息系统、交通系统、休息系统、照明系统、铺装系统、绿化系统、清洁系统、服务系统等方面（图 8-5），具体如下：

（1）信息系统，包括标示牌、路名牌、行人信息导引牌、宣传牌、广告牌、天线、电子监控、治安监控、电信基站等。

（2）交通系统，可分为对外交通设施和对内交通设施，前者包括航空、铁路、航运、长途汽车和高速公路等，本书主要是指对内交通设施，包括道路、桥梁、地铁、轻轨、公共巴士、出租汽车、公共自行车、观光游览车、轮渡等；以及各种交通配套设施，如公交候车亭、公共自行车亭、电动车充换电站、交通信号灯、交通指路牌、电子警察、停车场库等。

（3）休息系统，包括休息亭、座椅、坐凳、咖啡座等。

（4）照明系统，包括路灯、行道灯、景观灯、地灯、广场投光灯、

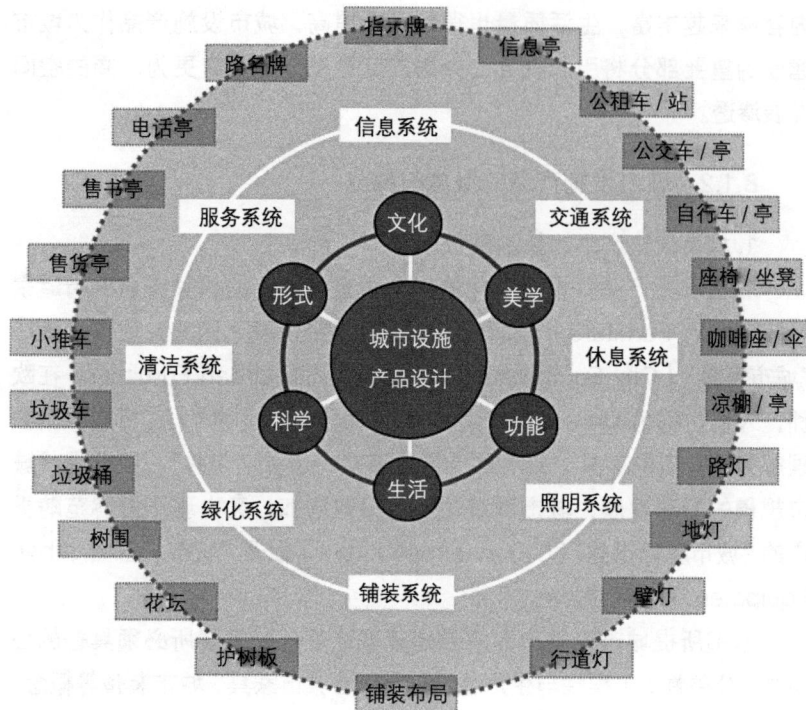

图8-5
城市设施产品系统框架

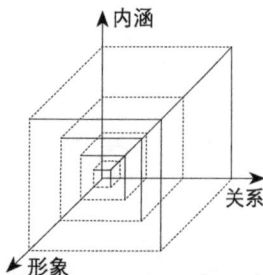

图8-6
城市设施产品构成网络关系

配电机箱以及新兴太阳能设施等。

（5）铺装系统，包括工业铺装预制块、窨井盖、地面分割线与铺装图案等。

（6）绿化系统，包括树围、花坛、绿化带、移动花盆、移动花架等。

（7）清洁系统，包括垃圾筒、垃圾中转站、轻型清障车、轻型环卫车等。

（8）服务系统，包括移动商业摊车、移动卫生间、公共艺术小品、书报亭、电话亭、紧急救援车及装备等。

总体而言，城市设施产品依托并伴随着城市的发展而发展，城市的各种问题与需求不断产生，新兴的各种应用性科技不断涌现，城市设施产品的功能要求不断提高，产品种类不断更新，它是一个开放、变化的系统。

2.城市设施产品的构成

城市设施产品可以大到公交巴士、候车亭，也可以小到标识牌、垃圾筒；它可以表述最小的元素个体，也可以是较大区域内的群体集合，这取决于我们设计研究的具体对象。但是，不论所设计研究的具体是大是小，是个体还是群体，城市设施产品基本是一个由三向矢量交织的网络体构成，这三向矢量分别是内涵、关系和形象，如图8-6所示。

（1）内涵：是指城市设施产品在文化价值观方面的内在取向，是须经人的思考和体味才能探知的深层内容，也包括其在城市系统运行方面的功能价值，是须经城市的实践与检验才能清楚的实质内容。城市设施产品的内涵主要体现在以下几个方面：①城市设施产品因时、地、使用者和设计者的差异而表现出不同的个性；②城市设施产品的社会性质及其在相关历史、文化、民俗、政治等方面的文化含义；③城市设施产品自身系统与城市整体系统在相关城市科学、经济、管理等方面的功能内涵；④城市设施产品所凝聚的美学意义和高品质的设计理念。

（2）关系：是指城市设施产品与其他环境要素的结合关系，主要包括城市设施产品单体或群组与周围环境、建筑的空间关系，以及城市设施产品与所在场所的综合意象等。

（3）形象：是指城市设施产品给人的第一视觉效果，它主要包括：①城市设施产品直观的、为人的视觉和触觉所感知的外在特征，如材料、肌理、色彩、尺度、高度、平面和空间的布置，以及整体和局部的处理等；②城市设施产品的安全性和舒适性；③城市设施产品的耐久性，以及经过整修和改建后的视觉印象。

在城市设施产品的三向矢量网络基本构成中，内涵是城市设施产品的实质与灵魂，关系是城市设施产品的基体与骨骼，而形象是城市设施产品的外在与肌肤。

8.1.3 城市设施产品系统设计原则

如果我们把城市视为一个特殊的巨型企业，城市管理便相当于企业管理，城市设施产品便相当于企业各类项目中的产品，结合设计科学的观点看城市设施产品，一样应该从系统设计的角度出发来开展城市设施产品设计。

以城市为基体的城市设施产品，作为一种兼顾城市与产业双重属性的产品类型，在设计中应强调以"众人"为本、地域文化、城市美学、城市功能、可持续发展等系统性设计原则，简述如下。

1. 注重以"众人"为本原则

一方面，从以包豪斯为代表的现代设计诞生以来，工业设计一直在提倡"以人为本"的设计主张，因为，设计的物化对象是产品，产品的服务对象是人；人既是城市物质环境的创造者，同时又是最终的使用者。城市设施产品的设计必须考虑人的要求，以人的行为和活动为中心，把人的因素放在第一位。处于城市空间中的城市设施产品，与其使用者相比，它应当以突出人，而不是以突出自身为宗旨。城市设施产品在设计上的过分夸张、喧宾夺主，以及给使用者带来的任何不便都是违背这一原则的体现。

另一方面，尽管城市设施产品的服务对象同样是人，但是，"此人"

图8-7
众人的阳光广场

图8-8
巴黎街头路灯

并非完全是"彼人";与一般工业产品相比,城市设施产品的"人"更多的是"众人",如图 8-7 所示;具体到任何一件产品都是由很多人共同拥有、共同使用,与某个人单独拥有一件智能手机产品的情况完全不同。

当产品设计的对象用户不是某人而是众人时,设计的根源——生活需求的指向是一种群体性的需求,比如:关于上班问题,我们需要考虑的不只是一个人如何去上班,更要考虑一群人从四面八方如何在同一时间上班,这是设计需求导向的不同。同时,还意味着用户群对产品主体的自我占有意识会降低,对于产品细节的设计标准会相对较宽;对产品功能需求会以满足主要问题解决为纲,"80/20 法则"将被进一步设计聚焦,其中的共性问题将被给予重点关注,以及设计重点解决。

2. 发扬地域文化的系统性原则

正如本书在绪论中所说:城市可以说是建造,而产品更多的是制造;建造是有根的,这种根性是比较直接而显形的;制造也是有根的,但相对隐形化。两者既矛盾又统一,表明城市设施产品是站在建造之上的制造,就像我们说房子其实是种在大地上的,而诸如路灯(图 8-8)之类的城市家具也是种在城市的土地上。俗语说:种瓜得瓜,种豆得豆。也就是说事物之间存在相联的因果关系。由此,在城市设施产品设计的开始,就需要充分尊重我们脚下的这块城市土地,需要充分尊重地域文化传统,以及地域文化作为一个大体系在设计上的系统性传承。

城市由于其建造的技术特征,伴随着时间长河的发展,每一个城市都或多或少地留下了历史形象、建筑风貌的印记,记载了人们传统生活、风俗习惯的痕迹;城市设施产品设计应该充分尊重城市场所的内在精神,挖掘地域文化的生活素材,一方面为人们创造理想的户外生活,另一方面更应该体现出整个城市的风格特色,向使用者有效地传递城市文化信息。因此,城市设施产品设计必须尊重地域文化特点,将城市公共空间中的山水湖泊、建筑形式、色彩、空间尺度与人们的生活方式产生共鸣,将文化系统巧妙地渗透到城市公共设施中,延伸地域文脉传承,推进城市文化内涵建设,提升城市公共空间品质,进而实现城市生活新的设计。

3. 凸显城市美学的系统性原则

美学原则是设计领域必须遵循的一般性普遍规律,基于城市的产品设计也是如此。社会在发展,时代在前进,科学技术在不断地进步,设计的美学原则也会随之发展、创新和完善。

实用之美。由于城市设施产品设计的对象是城市的主体人群,我们应该主要把握城市人们的主体需求,并重点解决他们的主体需求,这是一种具有普适意义的产品设计；同时，基于城市户外生活的特点，关注日晒雨淋、刮擦破坏等生活现象，从设计选材、形式尺度、结构选型到加工工艺等均应充分考虑在公共空间中的使用情况与要求，由此，也使得对于产品实用性的追求成为一个重要的设计美学原则。

合理之美。城市设施产品设计的合理性主要是指其经济合理与风格合适。首先，经济因素层面，并不是很美、很漂亮的设计就应该被鼓励，因为这是面向城市的产品设计，必须考虑其一定规模量产品的制造成本、日常维护、城市运行等经济因素的合理性。其次，设计风格层面，作为城市空间中的城市设施产品设计，不是商店橱窗，不能今天放明天拿，走在时尚的浪尖潮头不断变化姿态，更需要相对持久、相对经典、相对合适的设计风格。

和谐之美。好的城市设施设计既应该力求艺术、技术、文化与设计的巧妙结合，更应该追求人与生活、自然与城市的友好相处，谋求"人－物－环境"从传统文化到现代生活、从外在形象到内在系统的和谐之美（图 8-9）。

4. 强调城市功能的系统性原则

对城市本身而言，城市是由多种复杂系统所构成的有机体，城市功能是城市存在的本质特征，是城市系统对外部环境的作用和秩序，其主要功能有：生产功能、服务功能、管理功能、协调功能、集散功能、创新功能。对城市设施产品而言，其功能可分为产品单体系列和产品整体系统两方面，前者主要解决直接的具体问题，诸如：一把坚固、耐用、美观、方便维修的座椅，一款实用、合理、美观、照度合适的路灯（图 8-10）等；后者主要是指在城市功能大系统指引下的城市设施产品子系统功能，比如：一条高质量的、高效率的城市快速公交线，包含城市快速公交专用道路、快速公交巴士、公交巴士站（图 8-11）及其站点设置布局等。

图8-9
人与休息站

图8-10（左）
Beth Gali的路灯
图8-11（右）
巴西未来派巴士站

我们既需要从城市设施产品的使用需求、工艺、结构、形色、材质等方面，对其单体功能进行认真的设计思考，也要从城市发展的生活业态、区域布局、人流组织、管理层次等系统性角度，对于城市设施产品整体系统功能给予高度的重视。因为，城市设施产品归根到底是为最广泛的普罗大众所使用的，对其进行从单体系列功能到整体系统功能的强调，既是城市设施产品存在的基本依据，也是更好地为人、为城市提供服务的城市功能的系统性原则所在。

5. 坚守可持续发展的系统性原则

20 世纪 80 年代后期，生态日益成为国际范围内最为关注的一个问题，可持续设计成为设计研究的热门领域。可持续设计是一种构建及开发可持续解决方案的策略设计活动，均衡考虑经济、环境、道德和社会问题，以设计引导和满足消费需求，维持需求的持续满足。可持续的概念不仅包括环境与资源的可持续，也包括社会、文化的可持续。可持续设计要求人和环境的和谐发展，设计既能满足当代人需要又兼顾保障子孙后代永续发展需要的产品、服务和系统。

首先，我们应从城市整体系统策略设计层出发，分析城市人的衣、食、住、行、学、用、玩、商等需求，统筹调用城市相关的环境资源、经济资源、文化资源、社会资源，拟定城市设施产品子系统合理、适度的设计策略。比如，上海世界博览会园区的垃圾处理系统设计实践(图 8-12、图 8-13)。其次，应从城市设施产品单体系列出发，结合城市人对于生活的具体需求，进行从材料选择、设施结构、生产工艺、设施使用乃至废弃后处理等全过程的设计工作。例如，在材料的选用方面，应首先考虑易回收、低污染、对人体无害的材料，更提倡对再生材料的使用。在结构上，应尽量少用合成焊接物而多使用容易拆卸组合的结构，以减少部件的数量，同时也利于维修更换。在表面处理工艺上，

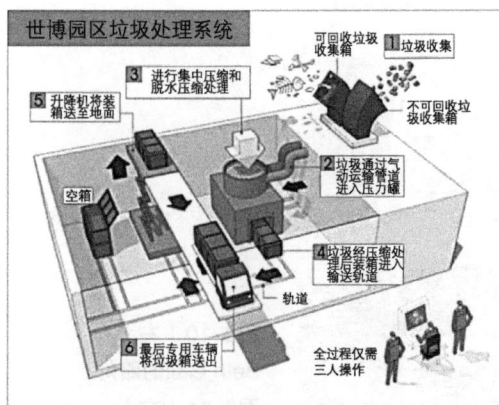

图8-12　上海世博会垃圾回收系统

图8-13　上海世博会垃圾箱的使用

尽量少用加溶解物的油漆而改用粉末涂层。在连接方式上，应尽量标准化并多使用已有的标准连接件，以减少环境的负担。同时，组件与连接处即使在长久使用后仍容易拆卸，以利于回收处理。在能源的选择上（如路灯的光源），应多采用小污染甚至无污染、高效能的"干净"能源，如太阳能。此外，还应依据有关环境法规标准，把令人不悦的因素（如噪声）降低至最低程度。

城市设施产品必须遵循可持续设计的原则，通过设计让有限资源实现整体统筹、系统优化、合理设计、适度生产乃至废弃回收与再利用等良性循环，进而助推城市建设的可持续发展，为人类栖居在地球上建设理想的家园。

8.2 地域文化背景下的产品系统设计

8.2.1 以城市性格为导引的设计观念

从城市设施产品的单体系列和产品整体系统两方面来看，在整体系统相对稳定、基本不发生变化的情况下，单体系列更多地被城市这个城市设施产品的基体，同时也是设计的母体因素直接影响。这里便回到了城市设施产品是站在城市建造基础之上的制造的概念，自然，在以"众人"为本、地域文化、城市美学、城市功能、可持续发展等系统性设计原则中，地域文化因素被放大、凸显了，而地域文化所孕育、培养成长的城市性格则成为导引城市设施、城市家具设计的重要线索。

1. 从城市性格开始

城市如人。人有性格，城市亦如此。

翻开上海的历史，它从一个小渔村成为一个县城，用了上千年的时间；而从一座小县城一跃成为中国最大的城市，仅仅用了不到一百年。独特的地理位置注定上海从开埠起就是一个标准的移民城市，它被西化得比中国任何一个城市更为彻底。由内陆向海洋延伸的地理文化，催生出灵活且适应性强的开放胸怀。海派文化中的包容特色，其实就是上海城市的性格。诚如一位上海史研究专家所言，海派文化是上海的都市文化，海派就是吸纳，就是"海纳百川，包容性强"。因此，我们看到的上海，是智慧而包容的：无论南方的、北方的，还是中国的、外国的，各种文化都能吸收；并不是简单地照搬，而是内化为自身的一个部分。

城市性格是城市社会生活长期形成的特点。这里的"长期"可以是几十年，上百年，甚至更遥远，它贯穿了一座城市的整部建城史。城市是个社会体，它有自己的约定俗成。一座城市在社会生活中长期形成的特点准确地反映了它的人文特色，所以，城市性格也是城市人文特色的记忆。

由此，我们可以发现，城市性格在其养成过程中与地域文化内涵有着千丝万缕的联系。前者以后者为自身的核心内容，后者以前者为自己的集中体现，城市中的各种要素与城市性格紧密关联，如建筑广场、景观道路、城市雕塑、城市公共交通工具乃至城市家具等成为两者的载体，各要素的内在系统之间也处于一种交织的状态，城市性格直接影响着城市设施产品系统设计。

2. 趋同的城市与城市家具

每个城市的山水形胜各异，巴山蜀水、二樵珠江、楚水汉天、江南水乡各有千秋。城市除了因地之山水形胜而具特色外，也因不同的社会生活形成了各自的特点。所以，每到一个城市，我们会感受到不一样的城市性格：庄严而稳重的北京，智慧与包容的上海，精致而温柔的杭州……然而，在当今中国的城市里，大到城市建筑，小至城市家具，往往充满了千篇一律的现象，地方特色与城市性格正在被逐渐埋没，这种趋同现象应引起警惕。

毫无例外，这种趋同现象也影响到了城市家具的设计。不妨，让我们作一个大胆的假设：如果每座城市的城市家具如出一辙，就像从一条生产线上生产制造出来的，于是在这些相似的城市家具面前，人们将很难找到自我城市的认同感与归属感。如果当设计的最终结果只剩下简单的功能主义时，造物的本源意义和价值就会被格式、被扭曲。城市家具的设计应该始终与它们所在城市和区域的性格相符，这样才能避免出现"千人一面"的难堪局面。

城市性格的复杂性、多样性从逻辑上决定了城市家具应该是各具特色的，城市性格与城市家具之间存在着一脉相承的因果关系。

3. 以城市性格为主题导引的设计观念

我们究竟要什么样的城市家具呢？这是我们在设计时常常会面对的一个困惑，问题的答案不妨从研究对象的城市性格中去寻找。

弗莱堡的城市家具设计可以让我们获得某种启迪。弗莱堡位于德国西南角的莱茵河谷，靠近法国和瑞士边界。弗莱堡在设计、功能布局和历史等许多方面都是欧洲很有特色的城市。这座有着悠久历史的欧洲小城，处处遗留着德国朴素的、古代王室家族的气息。弗莱堡在改建过程中保留了原来的空间布局与街道尺度，所以街道空间在今天人们的眼中较为狭窄。在弗莱堡，有许多颇具特点的传统城市家具——拉线悬挂式路灯（图 8-14）、水渠（图 8-15）和碎石铺路（图 8-16）。通常，路灯的设计会选择立杆单挑式或立杆双挑式，不同的方式会在空间、形态、成本、品质等方面产生不同的结果，选择不同的方式代表着不同的设计价值取向。弗莱堡的路灯设计给出了与众不同的答案，

图8-14（左）
弗莱堡——灯与街道
图8-15（中）
弗莱堡——水渠
图8-16（右）
弗莱堡——碎石铺路

它采取了一种特殊的安装与布置形式，即用一根横穿过马路、两端分别固定于街道建筑墙面上的拉索成为路灯的支架，这使得很多问题迎刃而解。在路灯的设计中，巧妙地节省空间、充分而有效的照明、与环境的和谐统一、整齐的秩序感以及简洁而古典的灯头造型，这一切都充分表现了弗莱堡沉稳而又充满想象力等特质。

再如，杭州是一个文化底蕴深厚、地域个性鲜明的历史文化名城。因为有西湖，所以才有杭州。杭州依西湖而兴，可以说杭州的建城史，就是西湖的发展史。西湖不仅湖光潋滟，而且留下了一代代文人墨客的印迹，加上历史、宗教、建筑的荟萃……在现代的城市家具中要找到一种与山水诗意杭州气质相吻合的设计并非易事。

2004年，杭州市举行了一次城市家具设计大赛，其中，工业设计系学生的作品"水漾漾"（图8-17、图8-18）是一个以水波纹为主题而展开的设计。设计者敏锐地捕捉到了杭州与山水之间一种剪不断理还乱的亲密关联。杭州本来就是个水网交错的城市，从美丽的西湖到闻名于世的钱塘江与京杭大运河，还有那些数也数不清的小河汊。设计者最终提取了"水波涟漪"为形式语言，用它来诠释杭州的婉约精致。从设计作品中我们可以发现，设计者用一种细腻的视角来观察西湖的山水，感知杭州的性格。

最终，城市家具设计应该努力唤起人们对城市人文特色的记忆，延伸一座城市的精神与性格。

图8-17（左）
西湖边的地灯
图8-18（右）
"水漾漾"坐凳

8.2.2　城市家具系统设计研究

　　一般而言，城市性格处于相对稳定的状态。然而，城市发展越来越快、越来越大的情况正在导致其城市性格呈现出一种复杂、动态的状态，比如：城市功能和种类正在变得日益强大且多样化，同一城市不同区域的城市性格由于各种原因往往并不相同等，通常有诸如历史保护区、风景区、城市中心区、城市新区等类型，各类型区域的城市家具设计应考虑其功能、材料、技术、造型等共性因素，以及色彩、肌理、尺度、形态特色等个性因素，例如以杭州为例的区域类型分析图解（图8-19~ 图8-21）。这更加使得我们在开始基于地域文化的城市家具系统化设计时，必须结合以"众人"为本、城市美学、城市功能、可持续发展等其他系统性设计原则，深入进行系统设计思考。

杭州城市家具形象可分为四类：

●●● 历史沉淀

风景演绎

城市更新

新城发展

图8-19
城市家具区域类型示意图

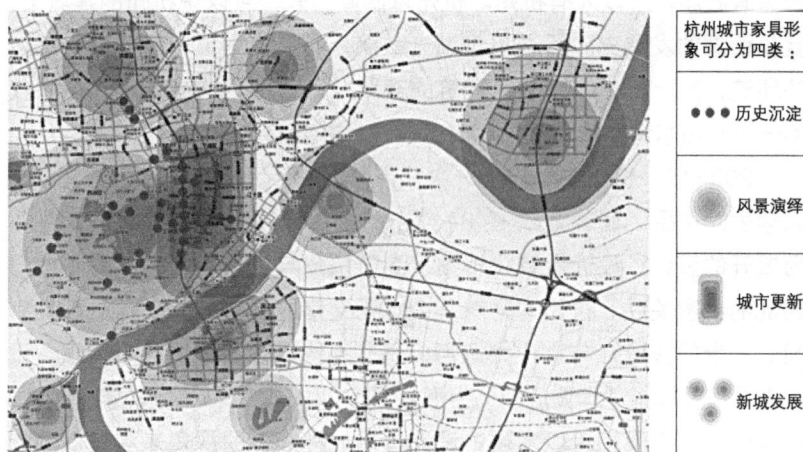

总平

城市与城市家具印象

传统

现代

图8-20
城市家具区域类型分析图

	比列	设计要素
共性	80%	基本功能、技术结构、造型风格
个性	20%	色彩肌理、比例尺度、形态特色

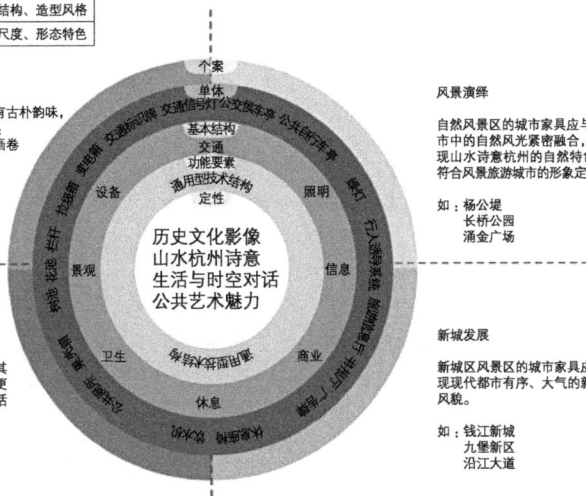

历史沉淀

历史名胜区的城市家具应具有古朴韵味，体现其深厚的历史文化底蕴；描绘一幅杭州历史文化影像画卷。

如：河坊街
信义坊
中山路御街
丝绸城

风景演绎

自然风景区的城市家具应与城市中的自然风光紧密融合，体现山水诗意杭州的自然特色；符合风景旅游城市的形象定位。

如：杨公堤
长桥公园
涌金广场

城市更新

老城区的城市家具应适合于其城市进程中新旧交叠、有机更新的时代风貌，打造舒适、活力、有序的宜居环境。

如：中山路
南山路
山南国际创意园

新城发展

新城区风景区的城市家具应体现现代都市有序、大气的新城风貌。

如：钱江新城
九堡新区
沿江大道

图8-21
城市家具区域类型系统框架

在城市化进程迅速发展的大背景下，一方面，城市家具是城市日常生活中不可或缺的客观物体，无论是路灯、公交候车站、垃圾筒、坐凳，还是树围、隔离栏、指示牌、路名牌等，都表现出一种默默存在的物化状态，无声却有语地提示着人们该如何使用、利用、享用城市家具；另一方面，因为有太多的人们不断地使用它们，这些城市家具便存留了日月风雨带来的自然痕迹，也记载了触、摸、碰、撞、挤、压、刮、擦、刻、划等导致的人为痕迹，城市家具是以一叶知秋的方式，如同城市微观视镜般地传达着这个城市的性格、品质、态度、地域与文化等方方面面。

在这个意义上说：城市家具除了是地域文化、城市形象的传播者，也是集被动服务与主动导引于一体的社会性城市服务使者，其个体独立存在，其群体无处不在，我们不妨以城市服务使者群的角度去体现它的设计价值。

城市家具系统设计实践与研究，是一个伴随着时间推移、人员交织、思想碰撞、设计演变的研究发生、发展的过程。在解决了城市家具单体系列产品设计的功能、造型、肌理、材料、色彩、工艺等基本问题之后，重新审视城市家具系统的设计角度与设计价值。设计出发的角度不同，设计价值的标准不同，设计结果也往往不同。

面对城市、人、生活乃至社会等与城市家具系统有着紧密关联的诸多因素诉求，我们从1999年的环城北路起，从"WAITING"、"SITTING"到中山路、十纵十横道路、东部新城等一系列的城市家具系统设计实践与研究，在一次又一次地接受设计任务、提供设计方案、设计修改、再设计调和到设计实施的过程中，历经了与政府管理者、制造企业家、专家学者、工程师等设计价值观的不断冲突、沟通与协商，这是一段走在理想和现实之间的设计旅程。我们努力探求城市家具系统设计实

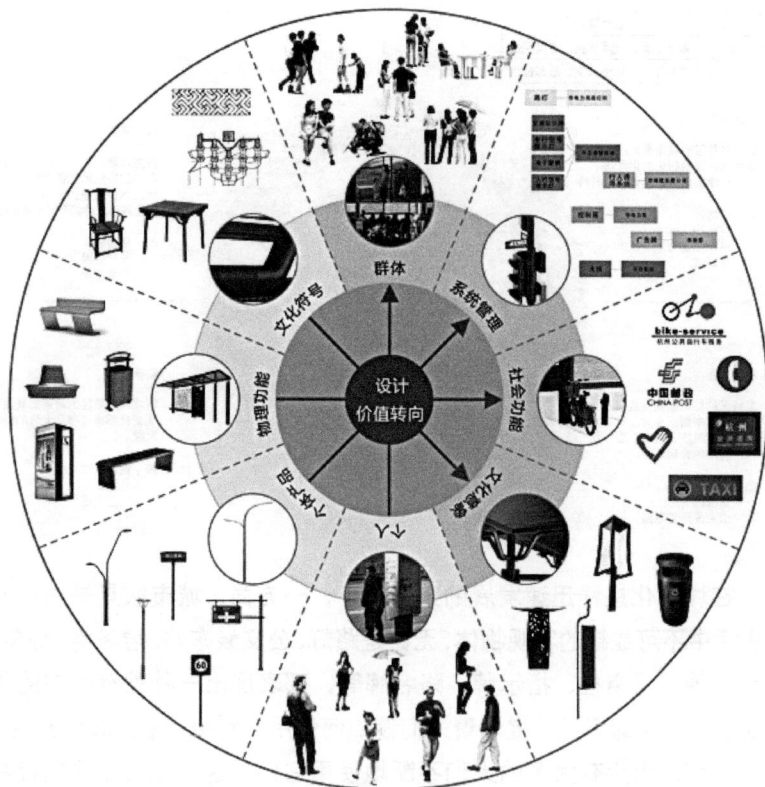

图8-22
设计价值与系统图解

践项目背后的思想故事与系统演变，对城市家具进行横向的系统设计比较，更展开纵向的同类城市家具系统设计研究，提出当下城市家具设计发展的多方面设计价值与系统演进，如图 8-22 所示。

（1）从单体类型产品的提案到系统类型产品的设计管理——以路灯杆合杆系统设计研究（图 8-23）为例。

城市家具依托并伴随着城市而发展，变化迅速且内容繁多，与路灯杆比邻而居的各类功能杆件如雨后春笋般充斥着城市街道空间，诸如：天线、电子警察、电子监控、治安监控、指示牌、交通杆等，于是，数量如此众多且各有作用的杆件，共存于日益拥挤的城市街道中，这事实上是一个城市管理系统工作能力薄弱的问题。

我们对路灯杆进行了合杆系统设计，采取上下分段式设计控制，结合中国国情，选取低成本制造设计方式，其中段设置了外挂式集线滑槽结构件，力图在城市设计与管理工作中实现低成本、易装配、方便灵活、包容量大、整合力强的合杆系统设计。

该设计不仅只是一个单体类型产品的设计，其所呈现的也不仅是一个路灯、信号、监控、治安、指示等功能集约化，更是诸如：城市建设委员会、电力局路灯所、交通警察局、街道管委会、华数集团、城市管理办公室、市政设施监管中心等政府众多职能部门相互协调配

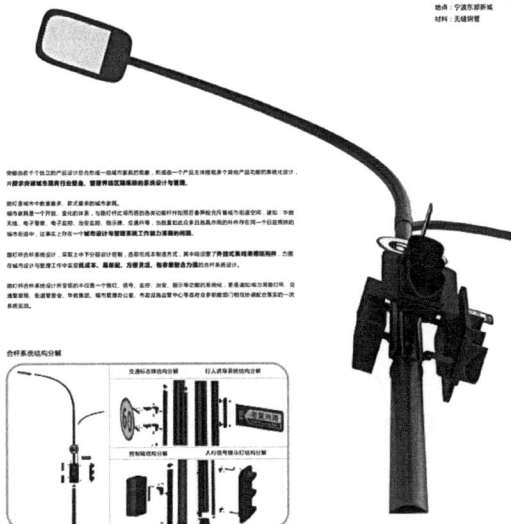

图8-23
路灯杆合杆系统设计研究

图8-24
公交车站系统设计研究

合落实的一次系统演习，其作用在于探求突破现有行业壁垒、管理界线区隔瓶颈，进而促进城市设计与管理工作系统能力的提升。

（2）从个体对象诉求的回应到群体对象诉求的设计关怀——以公交车站系统设计研究（图8-24）为例。

城市公交车站既是城市行者的一个个搭乘与停靠站，也是城市生活的一个个重要人流汇聚节点。它就是城市陆地码头，每天每时迎来送往，人群在这里聚散分合，承载着人们生活、工作、交流的中转站作用。随着现代城市趋向大型化，公交车站也被城市和城市人共同赋予了更多的功能与需求，诸如：等待、查公交车信息、小坐、聊天、看报纸、买杂志、打公用电话、广告宣传、设备维护乃至于见面约会等，这里发生的多种多样类型的生活态直接指向设计的内在需求。

复杂化而多样化的城市场所，需要设计从主要关注个体对象诉求转向对群体对象诉求，于是，在宁波东部新城城市家具设计项目中，设计首先立足于模块化结构组合设计方式，根据公用电话区、书报亭区、候车区等区域空间要求，把基本设计模数定为 1600mm×1000mm，

传统文化符号的借鉴→传统文化意象的设计精神
项目：中山路城市有机更新工程
地点：杭州中山路
材质：钢架，绿可木

对城市家具的地域文化因素进行文化符号的引用，现充分考虑城市存留的时间痕迹与选点，强化时间文化符号的存在感并表达如形式。探索继承传统文化下的当代中国设计精神的物化载体及其表达形式。

对于杭州市中山路综合保护与有机更新项目城市家具的设计，对于中山路城市存留的时间，应是一种全面的，具有"公共艺术魅力、历史文化影像、山水杭州诗意、生活与时空对话"特性的城市家具系统设计。

中山路城市家具设计力求突破城市家具文化传存的符号，更注重表现传统文化意象的设计精神。
物性：每一件物体都有其自身的属性和特征。
交融：中山路城市家具应充分表达生活与历史时空的对话与交融。
调性：除有分离商业设计的艺术和格式外，设计对象与环境之间整体构成的设计调性是重点。
调性：在逃离格式化的现代设计方法之后，对于整体系统中的每一件城市家具而言，其调性是否一致成为一种设计判断的重要参考。

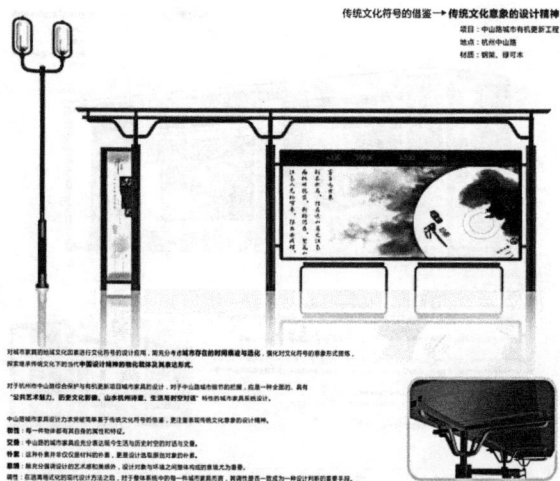

图8-25
中山路有机更新之城市家
具系统设计研究

然后选取前后并行双桁架组合结构，结合城市多类型的街道大小、空间尺度等综合情况，完成可批量定制 5~10m 区间内各种规格、灵活配置的公交车站系统设计。

面对城市公共服务的整体布局、有效落地需求，以及城市人群的行为需求，公交车站系统设计给出了更全面、更合理的回应，亦从另一个纬度诠释了何为面向大众的设计。

（3）从传统文化符号的借鉴到传统文化意象的设计精神——以中山路有机更新之城市家具系统设计研究（图 8-25）为例。

杭州市中山路综合保护与有机更新项目城市家具的设计是一种全面的具有"公共艺术魅力、历史文化影像、山水杭州诗意、生活与时空对话"特性的城市家具系统设计。中山路城市家具设计力求突破简单基于传统文化符号的借鉴，更注重表现传统文化意象的设计精神，主张设计应强调物性相宜、意境相合、调性相谐。

物性相宜：每一件物体都有其自身的属性和特征，我们不能简单采用移植的手法对其进行设计创作，而应寻找适合其物性的形式与内容，并加以巧妙塑造。

意境相合：除产品自身的艺术美感外，充分强调设计对象与环境之间整体构成的意境相合。

调性相谐：在逃离格式化的现代设计方法之后，对于整体系统中的每一件城市家具而言，其设计调性是否和谐成为重要的设计参考标准。

中山路城市家具系统设计强调现有城市的每一部分都应反映历史真实面貌，见证社会生活。以时间痕迹存留的设计方式，通过对传统符号的文化意象形式的提炼，呈现中山路新旧交杂拼贴进而融合的关系，探索继承传统文化下的当代中国设计精神的物化载体及其表达形式。

8.3 城市生活需求下的产品系统设计

8.3.1 以生活系统为导引的设计观念

回到从城市设施产品的单体系列和产品整体系统两方面来看，当城市设施产品单体系列的设计问题基本解决时，蓦然回首，你会发现，我们一直在反复强调、倡导的设计促进生活的宗旨体现在哪里？虽然，我们谈到了充满生活味道的弗莱堡拉线悬挂式路灯、水渠和碎石铺路，蕴涵西湖气息的"水漾漾"户外灯具、座椅设计，城市管理方便的路灯杆合杆系统设计，模块化功能强大的公交车站系统设计，以及地域文化显现的中山路城市家具系统设计，毫无疑问，这些都是生活的内容。但是，相对于城市整体生活而言，我们不禁还是要说：这些设计仅仅是美化了城市与家具，对城市生活并没有起到多大的实质改进；甚至如果没有这些设计创作，只是简单地去选购一批路灯、垃圾桶、座椅等，似乎也能基本满足城市人的基本生活。那么，请问：在哪里还可以发挥设计的价值？

上述问题的提出，在很大程度上是因为设计对象的选择以及其目标价值定位所决定的。目前，城市设施产品系统被城市管理行政化、板块化所肢解，其主要由城市建设委员会、电力局路灯所、交通警察局、街道管委会、城市管理办公室、市政设施监管中心等多部门分属管理；而且，在政府努力追逐 GDP 的表象下，实用主义几乎主宰了城市设施产品实施的主流，这使得城市设施产品的实际操控者——政府各部门，在设计方案的选择上，往往习惯性地沿用通行的设计标准，对诸如坐凳、垃圾筒、候车站、路灯等单体系列产品，更多的只是关心功能、造型、材料、色彩、造价等因素。同时，也对设计价值评价形成一种诸如功能优先或是形式为上的简单化设计认识，使得一批设计师的城市设施产品设计工作表层化，剩下的就是设计是否好看或好用的问题，这进一步曲解、弱化、阻碍了城市设施产品系统对城市应有的价值贡献，甚至于遗忘了城市设施产品设计的真正用户及需求是来自城市中生活着的人们。

设计起源于问题，设计就是对问题的回答。当我们面对同一事物时，对设计目标的理解与价值观的不同，将直接影响我们发现或提出问题的角度与深度。角度不同，问题不同，设计的手段和方法也会不同，设计的结果就可能大相径庭。例如，关于杯子的设计问题，从设计一个杯子到盛水的容器，再到喝的方式，直至喝的过程、喝的体验的研究，实在是由于我们一再重视对生活的体验与过程的价值所致。

在中国美术学院与德国科隆国际设计学院的合作研究课题"等候"——城市场景的研究探讨中，米歇尔教授和赵阳教授向我们这样展示了他们的思考：设计一个公交候车亭与设计一种等候的状态，是完全不一样的出发点和问题，当然会具有完全不一样的解答与结果。研究人在等候的过程中发生的各种行为、心理情况，由此阐发出一些很有趣的现象和设计，比如：人们会在等候的时候不停地移动——翻转变化凳（图 8-26）；又如：等候可能导致其他行为的发生——游戏

图8-26 等候——生活体验1

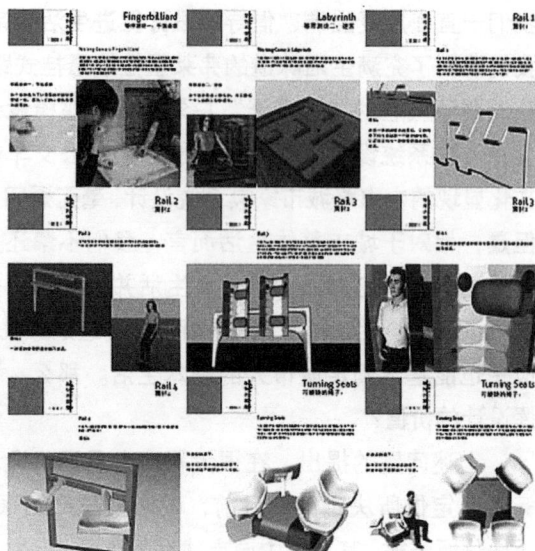

图8-27 等候——生活体验2

与下棋（图8-27）等。设计的结果不仅只是凳子的造型，给予人们更多的是在等候中的体验和新的设计价值。

既然，设计就是为了生活，那么，在设计外部条件容许的情况下，对城市设施产品的设计还是应该回到城市生活需求的原点，发现设计解决问题的更大内涵价值，进而实现设计促进生活的理想。

8.3.2 城市装备系统设计案例

事实上，在当下的城市生活中的确存在很多问题，有大问题、小问题，其中，城市交通便是一个很重要的问题。在这里，如果我们不再直接对各种城市交通工具进行设计，而是从城市人的交通出行生活需求出发，进行城市装备系统设计研究，那么，事情的结果将会发生很大的不同。

目前，杭州城市交通的困境是"行路难、停车难"，这也是全国城市发展中的困境，造成这个局面的原因有很多，诸如：城市扩大化、城市人口增长、私家车数量剧增、城市交通系统不够健全等，要解决这个世界性难题，有一点是世界性共识：必须提高城市公交分担率！面对如何提高杭州的城市公交分担率问题，缓解城市居民不断增长的日常交通出行实际需求问题，笔者有幸参与了中国美术学院关于杭州市公共自行车亭系统设计、杭州城市公租电动车系统设计两个项目的工作，简述如下。

1.基于城市交通最后一公里需求的杭州市公共自行车亭系统设计

杭州市前市委书记王国平说：提高公交分担率，关键要解决末端交通问题，也就是公交系统"最后一公里"问题。

首先，在杭州城市公交车、地铁、出租车、免费单车、水上巴士等五位一体的公共交通系统中，"最后一公里"的出行并不是一个远距离交通的事情，那么，与其选择相对经济成本更高、管理更复杂的机动车，不如选择经济相对实惠、管理相对简单的自行车作为"最后一公里"的公共交通工具。其次，与已成为杭州大气主要污染源的机动车相比，作为一种绿色交通方式的自行车，不仅能节约能源，还能减少大气污染，改善城市大气质量，让杭州老百姓看到更多的蓝天白云；同时，通过使用公共自行车，人们可以把上下班出行与锻炼身体有机结合起来，提升健康生活质量。另外，杭州还是一个中外知名的旅游城市，西湖的免费开放，至今仍为广大市民和中外游客所赞赏，建立免费公共自行车交通系统必然进一步提升城市知名度和美誉度。由此，建设免费公共自行车交通系统，是杭州缓解"行路难、停车难"的一次必然选择。

随着今天城市营建实践与探索的不断展开，城市装备系统的内容与要求均不断深化，城市呈现信息集合化和多功能复合化现象，城市公共服务趋向更人性化、生活化、细微化。为解决最后一公里交通问题而诞生的免费公共自行车交通系统，正是这样一次面向城市生活需求的设计应答，真正体现了杭州"以人为本、以民为先"的发展理念，也是一项重要的便民利民实事工程。

对于产品设计而言，这是一个从产品物质功能设计实现到产品社会服务设计愿景转换的重要案例。杭州免费公共自行车亭系统包括了自行车亭、自行车、锁止器、读卡器等，第四代公共自行车亭系统还纳入了旅游咨询亭、出租车扬招站和多媒体服务等内容，并且，随着城市需求不断升级完善产品服务功能和范围，如图8-28所示。

在这里，设计已经超出了一般意义上的产品物质价值，超越了设计造物的基础目标，实质上，它是在以可持续设计方式影响并改变着城市人的生活方式，这是一种以服务设计形态进行的社会创新，尤其在当下的中国具有重要的示范性意义。

2. 基于城市居民交通出行需求的杭州城市公租电动车系统研究

杭州城市公租电动车系统研究项目则更为复杂，包含城市交通与新能源汽车产业等多维度的复杂问题。在国内外项目涉及问题的研究现状和发展趋势的分析基础上，本项目以杭州节能与新能源汽车"双试点"示范城市为项目背景，以浙江省领导要求中国美术学院积极参与浙江装备制造产业发展为动力，在十八大报告"美丽中国"的指引下，充分发挥中国美术学院、香港科技大学、北京大学在艺术、科技、工商、文化等方面的综合优势，并与美国麻省理工学院在城市科学与电动汽

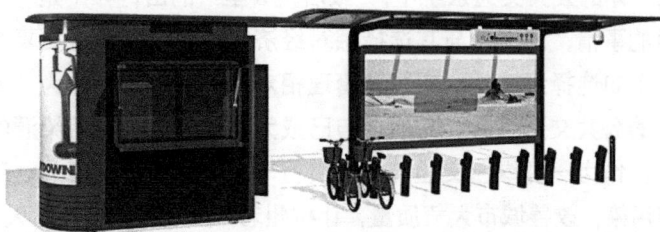

图8-28
杭州市公共自行车亭系统
设计

车等方面进行研究合作，直面"杭州需求"，进行项目研究与设计应答。

比如，对汽车数量形成交通问题的设计应答。在 2013 年 4 月，杭州市私家车已达到 100 万辆，这对于城市交通是一个巨大的挑战（图 8-29）。如果，我们以其年均递增 125% 的增长速度计算，2015 年将达到 156 万辆，这多出的 56 万辆将对城市交通产生新的巨大压力。由此，本项目采用"分时共享、按需出行"的系统设计方法，与通常 1 辆私家车每天 10h 的实际占有情况相比，本项目的 1 辆公租电动车可实现置换 5~10 辆私家车，仅需 6~11 万辆即可满足新的车辆增长需求，这将使得杭州能够有效缓解新增 45~50 万辆的交通压力。

再如，对城市交通停车空间量不足的设计应答。以 2015 年杭州达到 20000 辆电动汽车规模为测算基础，本项目基于 City Car 原型车（图 8-30）可折叠的特性，与一般电动汽车相比，能够直接节约 3 倍的停车空间，可释放出 13333 辆车的停车空间面积；同时，基于 City Car

增长至 100 万辆用了 30 年
杭州城市交通拥堵
第二个 100 万辆的增长，还需要多少年

?

单位：辆

2000000

1500000

1000000

500000

年均递增 125%

78000   219000   403000   692000   1000000

城市交通拥堵
Traffic congestion of city

2000 年   2004 年   2007 年   2010 年   2013 年   2020 年

▲ 杭州主城区私家车保有量统计图

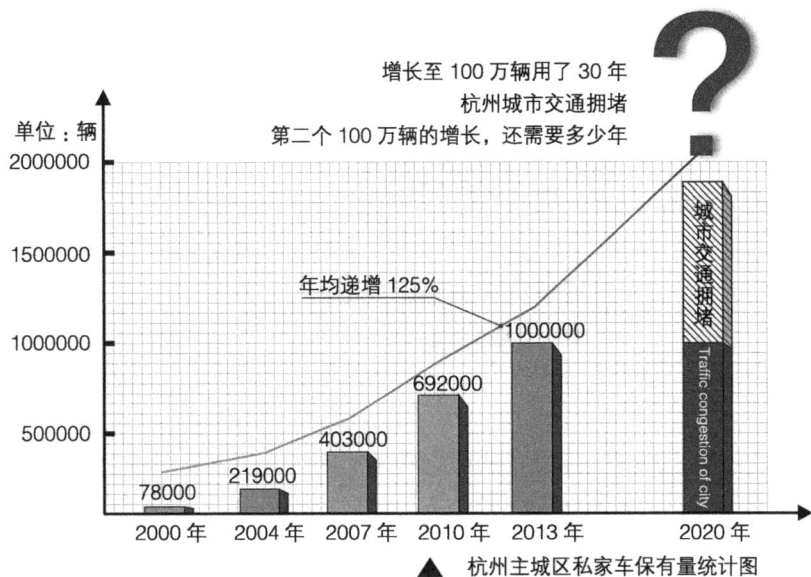

图8-29
杭州私家车保有量柱状图

公租电动车（City Car）整车设计

传统停车场与City Car停车场容量对比

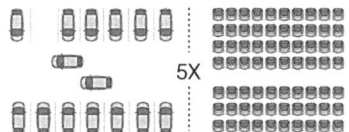

5X

图8-30（左）
城市公租车系统City Car
原型车
图8-31（右）
车辆停放空间容量比较图

原型车智能机器人轮 360° 停放技术，与传统停车场相比，通过智能控制在专用停车场可实现 5 倍停车空间效率的提升，如图 8-31 所示。

我们提出了设计解决问题的核心理念：改变出行方式——以公租电动车置换私家车出行（分时共享 + 智慧城市），改变产业发展——进行一次汽车产业革命（打造全新电动汽车——"车"）;结合城市公交车、地铁、出租车、免费单车、水上巴士等五位一体的杭州公共交通系统，建设杭州城市公租电动车系统项目。

本项目研究基于城市交通与新能源汽车产业两个复合领域，立足城市交通需求调研，分析城市居民出行行为的多选择性和复杂性，从当下中国城市人交通出行观念引导出发，提倡"分时共享、按需出行"，重点通过新技术新车型创新，结合核心技术研发，重构充（换）电车站设计，充分利用互联网平台技术，提升城市交通管理与智能控制，主动调配城市交通供给与空间容量平衡，并进行市场拓展与运营模式研究，形成完整的项目系统设计研究，如图 8-32 所示。

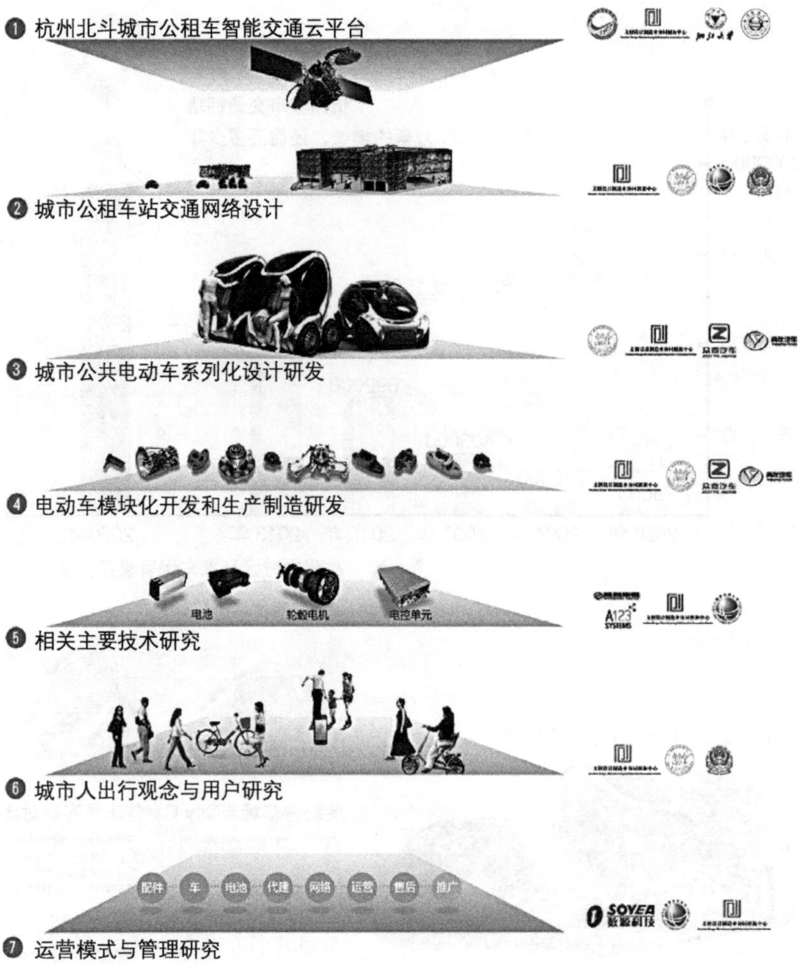

❶ 杭州北斗城市公租车智能交通云平台

❷ 城市公租车站交通网络设计

❸ 城市公共电动车系列化设计研发

❹ 电动车模块化开发和生产制造研发

电池　　轮毂电机　　电控单元

❺ 相关主要技术研究

❻ 城市人出行观念与用户研究

配件　车　电池　代建　网络　运营　售后　推广

❼ 运营模式与管理研究

图8-32
杭州城市公租电动车系统研究

　　杭州城市公租电动车系统是城市发展到高级阶段的产物，用于缓解城市交通私家车出行给城市生活、交通与环境带来的复合性压力；也是新能源电动汽车作为一种新产业类型的全产业链运营与推广计划，以及建设"美丽杭州"的重要内容。

作业安排
1. 完成一个地域文化背景下的城市家具系统设计项目实验。
2. 完成一个城市生活需求下的城市装备系统设计项目实验。

参考文献

［1］尹定邦．设计学概论［M］．长沙：湖南科学技术出版社，2009．

［2］（美）威廉·立德威尔．设计的法则［M］．李婵译．沈阳：辽宁科学技术出版社，2010．

［3］王受之．世界现代设计史［M］．北京：中国青年出版社，2002．

［4］许国志，顾基发，车宏安．系统科学［M］．上海：上海科技教育出版社，2009．

［5］柳冠中．事理学论纲［M］．长沙：中南大学出版社，2006：76．

［6］顾基发，唐锡晋．物理—事理—人理系统方法论：一种东方的系统思考［Z］．国家自然科学基金重大项目（79990580）．

［7］（美）约瑟夫·派恩，詹姆斯·H·吉尔摩．体验经济［M］．夏业良，鲁炜等译．北京：机械工业出版社，2002．

［8］（美）凯文·林奇．城市意象［M］．方益萍，何晓军译．北京：华夏出版社，2001．

［9］俞坚，王昀．生活方式2003［J］．室内设计与装修，2003（9）．

［10］王昀．设计意事［J］．建筑与文化，2008（4）．

［11］邹珊刚，黄麟雏，李继宗，苏子仪，马名驹，朴昌根．系统科学［M］．上海：上海人民出版社，1987．

［12］杨春时，邵光远，刘伟民，张继川．系统论信息论控制论浅说［M］．北京：中国广播电视出版社，1987．

［13］孙鼎国．西方文化百科［M］．长春：吉林人民出版社，1991．

［14］钱学森．创建系统学［M］．太原：山西科学技术出版社，2001．

［15］张复英．预算会计辞典［M］．沈阳：辽宁人民出版社，1992．

［16］常绍舜．系统科学方法概论［M］．北京：中国政法大学出版社，2004．

［17］颜泽贤，范冬萍，张华夏．系统科学导论：复杂性探索［M］．北京：人民出版社，2006．

［18］周德群．系统工程概论［M］．北京：科学出版社，2005．

［19］Sebastianm John S.，Simon A.，et al. Development and Verification of a Generic Framework for Conceptual Design［J］．Design Studies，2001，22（2）．

［20］王晓婕．国内家具市场影响因素及需求预测研究［D］．哈尔滨：东北林业大学硕士学位论文，2011．

［21］江俊美，张响三．我国家具制造业的工业化之路［J］．林业科技开发，2006（1）．

［22］（美）Jonathan Cagan，Craig M.Vogel．创造突破性产品——从产品策略到项目定案的创新［M］．辛向阳，潘龙译．北京：机械工业出版社，2003．

［23］潘强敏．国民经济行业分类标准问题研究［J］．统计科学与实践，2012（6）．

［24］王映雪.顶层设计方法与实例［J］.软件世界，2007（6）.

［25］中华人民共和国国家统计局编.中国统计年鉴［M］.北京：中国统计出版社，2007.

［26］朱剑刚.中国家具制造业信息化进程［J］.木材工业，2004（3）.

［27］王敏琦.基于淘宝网的淘宝商城营销策略研究［D］.南宁：广西大学硕士学位论文，2011.

［28］中华人民共和国工业和信息化部.2012电子信息产业统计公报［Z］，2013.

［29］张劲松.中国家具对外贸易与产业成长关系研究［D］.北京：北京林业大学博士学位论文，2011.

［30］（英）凯瑟琳·贝斯特.设计管理基础［M］.花景勇译.长沙：湖南大学出版社，2012.

［31］（美）迈克尔·波特.竞争优势［M］.陈小悦译.北京：华夏出版社，2005.

［32］（美）菲利普·科特勒，凯文·莱恩·凯勒.营销管理［M］.梅清豪译.上海：上海人民出版社，2009.

［33］（美）彼得·德鲁克.管理的实践［M］.齐若兰译.北京：机械工业出版社，2006.

［34］周功翔.政治经济学［M］.北京：中国科学技术大学出版社，2008.

［35］周耀烈.现代管理基础［M］.杭州：浙江大学出版社，2003.

［36］郑建启，胡飞.艺术设计方法学［M］.北京：清华大学出版社，2009.

［37］陈汗青，邵宏，彭自力.设计管理基础［M］.北京：高等教育出版社，2009.

［38］王效杰.工业设计解析优秀个案——工业设计趋势与策略［M］.北京：中国轻工业出版社，2009.

［39］格里夫·波伊尔（Griff Boyle）.设计项目管理［M］.北京：清华大学出版社，2009.

［40］蒂姆·布朗.设计改变一切［M］.侯婷译.沈阳：万卷出版公司，2011.

［41］杨向东.产品系统设计［M］.北京：高等教育出版社，2008.

［42］何人可.工业设计史［M］.北京：北京理工大学出版社，2000.

［43］Prestel.IF 产品设计年鉴 2013［M］.Prestel Verlag，2013.

［44］米歇尔·克林斯·阿莱西（全领域的 100 位世界设计大师）［M］.李德庚译.北京：中国轻工业出版社，2002.

［45］张琲.产品创新设计与思维［M］.北京：中国建筑工业出版社，2005.

［46］梅顺齐，何雪明.现代设计方法［M］.武汉：华中科技大学出版社，2009.

［47］卢世主，韩吉安，况宇翔.产品设计方法［M］.南京：江苏美术出版社，2007.

［48］王永贵，贾鹤.产品开发与管理［M］.北京：清华大学出版社，2007.

［49］陈劲，童亮．集知创新：企业复杂产品系统创新之路［M］．北京：知识产权出版社，2004．

［50］王昀．产品的体验［A］//新设计丛集．杭州：中国美术学院出版社，2007．

［51］王昀．中国美术学院工业设计专业毕业设计——设计的道理［J］．装饰，2011（8）．

［52］（英）马修·赫利．什么是品牌设计？［M］．胡蓝云译．北京：中国青年出版社，2009．

［53］翁向东．本土品牌战略［M］．南京：南京大学出版社，2008．

［54］（美）杰伊·格林．设计的创造力［M］．封帆译．北京：中信出版社，2011．

［55］（法）博丽塔·博雅·德·墨柔塔．设计管理——运用设计建立你的品牌价值与企业创新［M］．范乐明，汪颖，金城译．北京：北京理工大学出版社，2008．

［56］朱斌，江平宇．面向产品族的设计方法学［J］．机械工程学报，2006，42（3）：1–8．

［57］Warell A.Design Syntactics：A Function a Approach to Visual Product Form［M］．Gothenburg：Chalmers University of Technology，2001．

［58］杨颖，雷田，潘云鹤．产品识别：一种以用户为中心的设计方法［J］．中国机械工程，2006，17（11）．

［59］罗仕鉴，朱上上，孙守迁等．基于集成化知识的产品概念设计技术研究［J］．计算机辅助设计与图形学学报，2004，16（3）．

［60］王昀．包豪斯．设计．系统．制造［A］//许江．包豪斯与东方——中国制造与创新设计国际学术会议论文集．杭州：中国美术学院出版社，2011．

［61］王昀，王菁菁．设计的重启——从包豪斯的瓦西里椅谈起［J］．新美术，2011（12）．

［62］王昀．以设计价值观为导向的研究生教学实践思考［A］//吴海燕．道生悟成：国际艺术设计研究生教学研讨会论文集．杭州：中国美术学院出版社，2012．

［63］RIMOWA 中国［EB/OL］，2013.http：//www.rimowa.com.cn．

［64］王明亮．关于中国学术期刊标准化数据库系统工程的进展［EB/OL］．1998–08–16［1998–10–04］．http：//www.cajcd.edu.cn/pub/wml.txt/980810-2.html'．

［65］万锦坤．中国大学学报论文文摘（1983–1993）（英文版）［DB/CD］．北京：中国大百科全书出版社，1996．

［66］于正伦．城市环境创造景观与环境设施设计［M］．天津:天津大学出版社，2003．

［67］王昀，王菁菁．城市环境设施设计［M］．上海：上海人民美术出版社，2006．

［68］（西班牙）约瑟夫·马·萨拉.城市元素［M］.周荃译.大连：大连理工大学出版社，2001.

［69］（日）土木学会.道路景观设计［M］.张俊华，陆伟，雷芸译.北京：中国建筑工业出版社，2003.

［70］朱会平.北欧现代设计丛书·丹麦卷——家具与室内设计［M］.哈尔滨：黑龙江科学技术出版社，1999.

［71］（日）画报社编辑部.日本景观设计系列4——街道家具［M］.唐建，高莹，杨坤译.沈阳：辽宁科学技术出版社，2003.

［72］（美）莱斯利·盖勒里·迪尔沃兹.公共环境标识设计［M］.杨晓峰，张谦译.合肥：安徽科学技术出版社，2001.

［73］王菁菁.梳理环境——浅析标识［J］.建筑与文化，2005（2）.

［74］王昀.国际连线课程初探［A］∥吴海燕.道生悟成：中国（国际）艺术设计研究生教学研讨会论文集.杭州：中国美术学院出版社，2010.

［75］王昀.SITTING——中德关于坐具的不同观念、方法及形态研究［J］.包装世界，2009（11）.

［76］王昀.杭州城市家具系统化设计——寻找城市性格［A］∥许江.美美与共——杭州美丽城市与中国美术学院共建成果集.杭州：中国美术学院出版社，2011.

产品系统设计